土壌学入門

ウィリアム・ダビン
著

矢内純太
舟川晋也
真常仁志
森塚直樹
訳

古今書院

Soils by William Dubbin was first published in the UK
in 2001 by The Natural History Museum, London.

This Edition is published by Kokon Shoin Publishers by arrangement with The Natural History Museum, London through Tuttle-Mori Agency, Inc., Tokyo

緒言

地球の表面を覆っている土壌は、食料や衣料の生産を担い、我々の繁栄をかなりの程度決定する。チグリス・ユーフラテス川流域の肥沃な土壌はメソポタミアの古代文明を栄えさせた。そこでは、河川の氾濫により土壌養分が補われ、安定した十分な食料供給が可能になった。しかし、その同じ土壌が有害な塩類の集積により劣化すると、その食料生産力は減退し、このかつては繁栄した地域を衰退させた。土壌荒廃のより最近の事例も、土壌の質と人類の繁栄との間に強いつながりがあることを示している。従って、人類の持続的な繁栄は、土壌についての十分な理解とそれに基づいた適切な土壌の管理にかかっている。

本書は、世界の土壌資源の生成、特性、分類および管理について記述している。各章では、基本的原理が紹介され、これら原理がいかに植物生育や生態系の機能に関わる土壌特性と関連しているかが述べられている。このような構成のもと、土壌を陸域生態系の中心に位置する、無機物と有機物が渾然一体となった動的な物質として扱っている。

また、土壌水、有機物、堆肥化さらには肥沃度や肥料に関する章では、家庭菜園のための土壌管理に関する重要な点を専門家でない人のために述べている。本書を利用する理由が何であれ、読者がこのかけがえのない天然資源に対してさらなる理解や認識を得られれば幸いである。

著者紹介

ウィリアム・ダビン（William Dubbin）氏はカナダと米国で土壌学の教育を受けた後、1997年に土壌鉱物学者として英国自然史博物館の鉱物学部門に参加した。彼はヨーロッパ、アジア、北米、中米において野外調査の経験があり、土壌の鉱物学や化学に関して幅広く論文を著してきた。現在は、土壌鉱物と土壌有機物の結合とその役割（汚染物質の動態制御や土壌の質の維持に関わる機能）に焦点を絞って研究を行っている。彼はいくつかの土壌学会の会員であり、持続的発展や土壌保全といった地球規模の問題に興味を持ち続けている。

目 次

第 1 章　土壌の生成と組成

Soils — The Nuts and Bolts

多くの人々が土壌を地球表面における単なる風化層だと考えているのは、残念ながら事実である。植物生育における土壌の重要性は認められているかもしれないが、土壌の複雑さや、生態系を健全に維持するという土壌のより重要な役割は、あまり認識されていない。本書では、土壌の複雑さを描くとともに、この動的な自然物が陸上生態系の健全さを維持していく上でいかに重要な役割を果たしているかを説明しよう。

土壌とは何か？

土壌とは、自然に生成する無機および有機構成物からなる非固結物であり、植物の生育を支えることができる。土壌は地球上の陸地表面の多くを覆っており、その厚さは数メートルを超えることもある。土壌で覆われていないとみなされるのは、最近盛られた土砂、基盤岩、移動砂丘、常時深さ 1 m 以上の水などで覆われているような地域である。

土壌の機能

陸上生態系において、土壌の主要な機能は 5 つある。これらのうち第一の、そして最も明らかな機能は、植物生育のための媒体としての役割である（写真 1A)。土壌は、植生を物理的に支え、養分と水を供給し、また根と大気の間のガス交換を保証する。第二に、土壌は多くの生物に生息環境を与えている。一握りの豊かな土壌には、数千種から構成される数十億個体もの生物が含まれている。ごく少量の土壌がこれほど多くの生物を支えられるのは何故だろうか。その主な理由は、一見均質にみえる土壌の中には生物の多様性と同じくらい多様な生息環境が存在するからである。第三に、土壌は有機物の分解と循環において重要である。この能力がなければ、植物や動物の遺体は、土壌表面に厚くたまってしまうだろうし、この遺体に含まれる養分が次世代の植物や動物に利用されるようにもならないだろう。

また、湖や河川に流れ込む水の大部分は、土壌中を通過する際にその性質を変える。従って土壌の第四の機能は、我々が家庭や灌漑で利用している水の質を支配することである。きれいな水も、汚染された土壌を通過すると汚染される場合がある。一方、汚染水が土壌表層を通過すると、土壌中での数々の過程を経てその不純物が除去される。最後に五番目

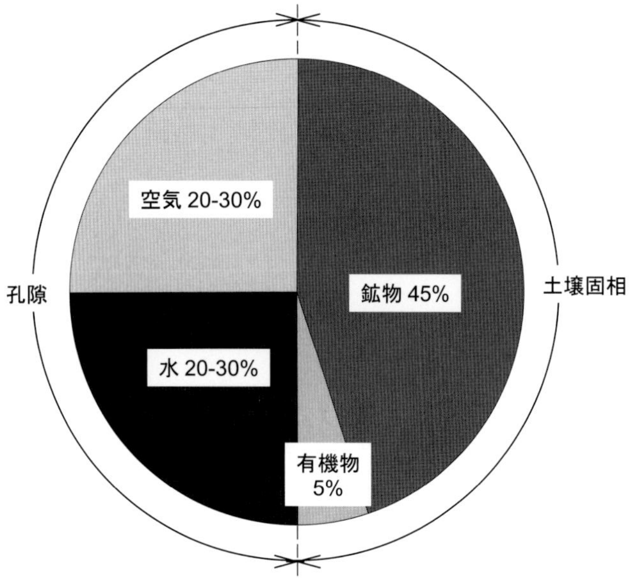

図 1　土壌は様々な割合の鉱物、有機物、空気、水から成る

の機能として、土壌は工学的な物質として重要である。私たちの建造物や道路のほとんどは土壌に支えられている。これらの土壌の性質を理解すること（例えばその土壌が砂質か粘土質か？）は、正しい建造デザインを描くとき重要である。

土壌の組成

土壌は、有機質土壌と無機質土壌（鉱質土壌）に大きく分けることができる。有機質土壌とは、有機物の含量が 30%を超える土壌のことである。このような土壌は、カナダ北部、フィンランド、ロシアのような寒冷・湿潤な地域において、最もよく見られる。有機質土壌は、鉢植え用に用いられる泥炭（ピート）として、あるいはいくつかの国では燃料として採掘される。これらの有機資源は、湿地帯の不必要な開発を避けるために、慎重に利用されねばならない。しかしながら、世界中の土壌の大部分は鉱質土壌である。そのため、本書はこの種の土壌の性質と管理に焦点をあてることとする。

鉱質土壌は 4 つの主要な成分、すなわち鉱物・有機物・空気・水から構成されている（図 1）。通常の土壌では、鉱物と有機物をあわせると土壌の容積のおよそ半分に達する。残りの半分は孔隙であり、空気と水によって占められている。空気と水の割合は、気候、排水、その他の要因の変動に応じて速やかに変化する。孔隙の大部分が水によって満たされたら、その土壌は水浸しになるだろう。しかし、もし孔隙に十分な量の水がなければ、植物は干ばつに苦しむことになる。たいていの植物の生育に最適な条件となるのは、水と空気が土壌の容積のおよそ 25%ずつを占めている時である。

鉱質土壌の 4 つの構成成分の相対的な割合は、深さによって変化する。有機物の量と全孔隙量は、深くなるに従っていずれも減少する。また、孔隙の大きさは深くなるに従いより小さくなり、その孔隙は空気よりも水によって満たされるようになる。表層土は有機物に富んでおり、空気で満たされた孔隙の量が通常最大になるため、大気とのガス交換が可能である。

生命体としての土壌

鉱質土壌は主として無機物質から構成されているけれども、しばしば多様かつ豊富な生物群集のすみかともなる。例えば 1 グラムの湿潤な表土は、何十億もの細菌類とともに、何千種もの菌類や線形動物、ダニ類などを含んでいる。また多くの植物の根は、土壌表面から数メートルの深さまで伸びている。これらの生物群集は、直接的・間接的に、ほぼすべての土壌反応に関与している。今日では土壌は、世界の生物多様性を支え、生態系の健全さを統制する主要な役割を演じていることが知られている。

土壌生成

土壌生成を制御する因子は、主として 2 人の土壌学者、すなわち 19 世紀後半のロシア人研究者ドクチャエフ（V.V. Dukochaev）とやや後の米国のイェニー（Hans Jenny）によって特定された[1]。広域的な野外観察の結果、すべての土壌の生成は 5 つの因子に帰せられる、と彼らは結論づけた。その因子とは、母材、気候、生物相、地形、時間である。 注 1

土壌生成因子

母材とは、土壌が生成するもととなる、地質的なあるいは有機質の物質である。母材の例としては、非固結の基盤岩や氷河堆積物（氷礫土）、湖沼成堆積物、沖積層、河川堆積物、風成堆積物などが挙げられる。この母材は土壌の性質に大きく影響する。例えば、粘土質の湖沼成堆積物から生成した土壌は、断面内の速やかな水移動を妨げるような小さい孔隙を主として持つだろう。そのためこのような土壌は水浸しになりやすいかもしれない。対照的に、砂質な風成堆積物から発達した土壌はとても孔隙に富み、水移動は容易であるだろう。しかしこの土壌は、風による侵食も受けやすいかもしれない。

気候とは、土壌の発達が進行している場での温度・水分状況である。高温条件は、適量の水を伴ったとき、化学反応速度と植物生育量をともに増大させる。降水量が増加すると、未風化の母材を通過する水の量が増加するため、土壌生成速度が増大する。従って、温暖・湿潤な熱帯における土壌の生成は、砂漠や寒冷環境下よりもずっと速く進む。

生物とは、その場の土壌に関わるあらゆる生物（植物、動物を問わず）のことである。生物相は、主として有機物の供給と土壌構造の形成を通して、土壌生成に寄与する。また、

訳者注 1　土壌学を確立したのは、ロシアの森林土壌と草原土壌の比較により土壌の成因を明らかにし「土壌学の父」とも称されるドクチャエフ（1843-1903）であると一般には考えられている

植生は土壌表面を安定させ土壌侵食量を低減することによって、土壌の発達速度を増加させる。

地形とは、地表の形状を指し、標高、傾斜、地形上の位置を含む。地形は、主として水の再分配を通して、土壌生成に影響を及ぼす。景観の中で比較的低い地域は、より高い地域から表面流去水を受け取り、それゆえにより豊富で多様な植生を支えることができる。しかし、もし傾斜がかなり急であれば、斜面上部からの表層土壌の侵食も考慮すべきかもしれない。

そして５番目の土壌生成因子は、時間である。沖積性の堆積物から発達した土壌はわずか数年の若さかもしれないし、暗色の表層土を形成するほど有機物が集積するのに数十年しか要しないかもしれないが、ほとんどの土壌の性質は、それが発達するのに数百年から数千年が必要とされる。例えば北アメリカ平原で氷河堆積物から発達した土壌は１万５千年を経ているだろうし、ブラジルの強風化土壌の発達には数百万年がかかっているかもしれない。

ここで心に留めておくべき重要なことは、これら５つの土壌生成因子の全てが互いに関連しつつ､かつ同時に働いているということである。例えばある一連の景観を考えたとき、降雨は窪地に集まる。これはさらに溶脱を増加させたり、植生をより密集させるかもしれない。さらに、母材自体の性質も一連の景観の中で異なるかもしれない。そしてある母材上では他よりも肥沃な土壌が生成する可能性がある。

土壌生成作用

ここまで述べた５つの因子は、４種の土壌生成作用を通して互いに影響しあい、土壌断面を作り出す（図 2)。土壌断面は一連の層位から構成される。これらの層位は厚さが異なり、不規則な層界（各層の境界）を持つかもしれないが、一般には地表に対して平行に並ぶ（写真 1B)。これらの層位を作り出す４つの土壌生成作用とは、(i）植物の葉や根由来の有機物や大気中の塵といった物質の付加、(ii）可溶性塩類の溶脱や土壌表面からの粒子の侵食などによる構成物の損失、(iii）有機物分解や鉱物風化のような変質、(iv）ある層位から他の層位への物質の移動、である。

母材

母材と気候はおそらく、土壌の性質に影響を及ぼす最も重要な因子である。母材は一般に無機物であり、まれに有機物である場合もある。有機質母材は、植物遺体が分解するより速く集積するような湿潤地で堆積する。年中湿潤かつ寒冷な地域では、有機堆積物は数メートルの深さにも達する。しかし、母材の大半は無機質であり、残積成か運積成のどちらかである（図 3)。

残積成母材はあらゆる国で見られ、地表に現れる様々な非固結性の基盤岩から構成され

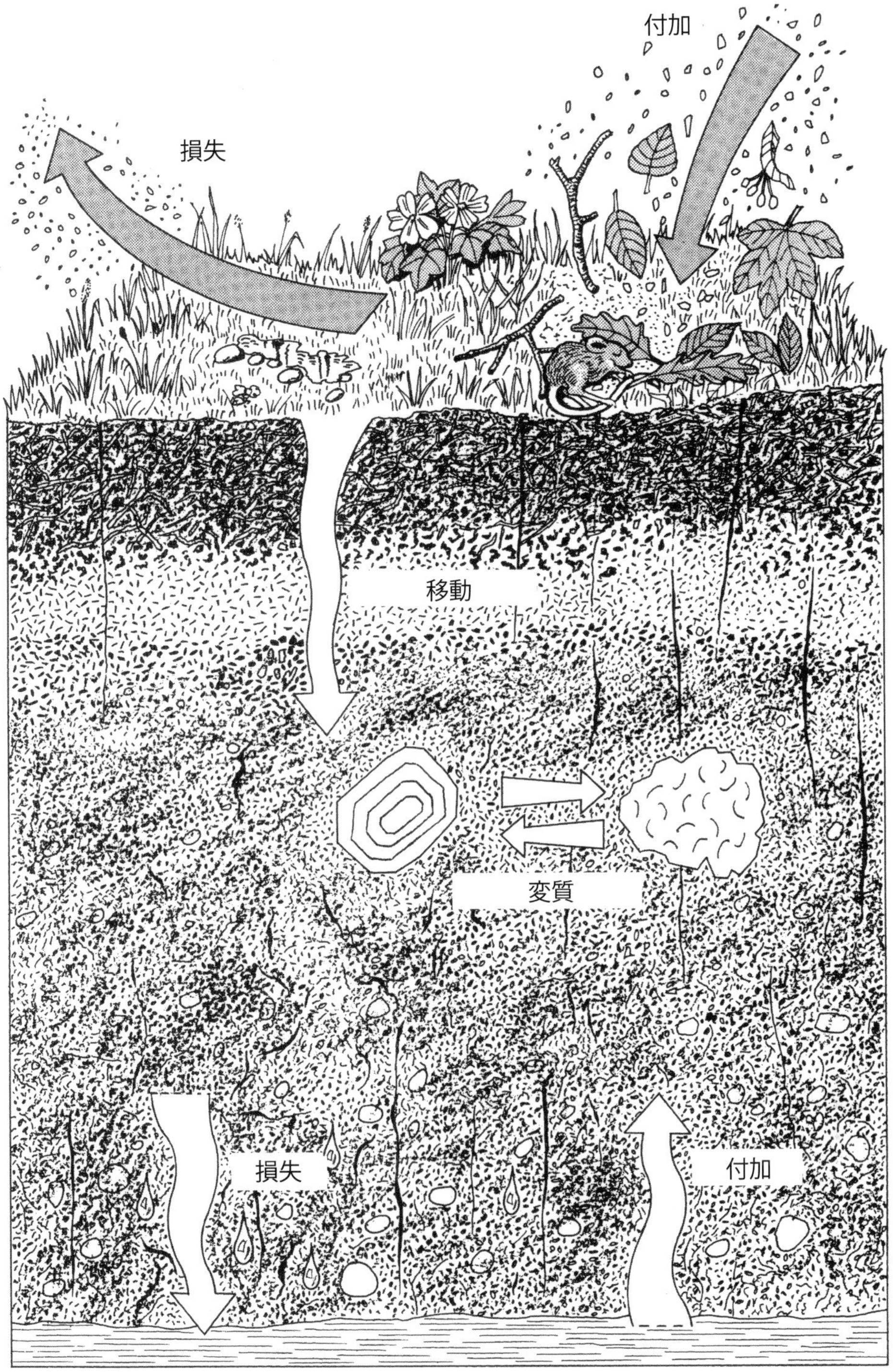

図２　土壌断面は、４種類の土壌生成作用によって作り出される

ている。火成岩・砂岩・泥岩・石灰岩は、残積成母材の中で最も一般的なものである。これら母材の組成は多様であるため、土性、鉱物性、肥沃度の点で多様な土壌が生成される。

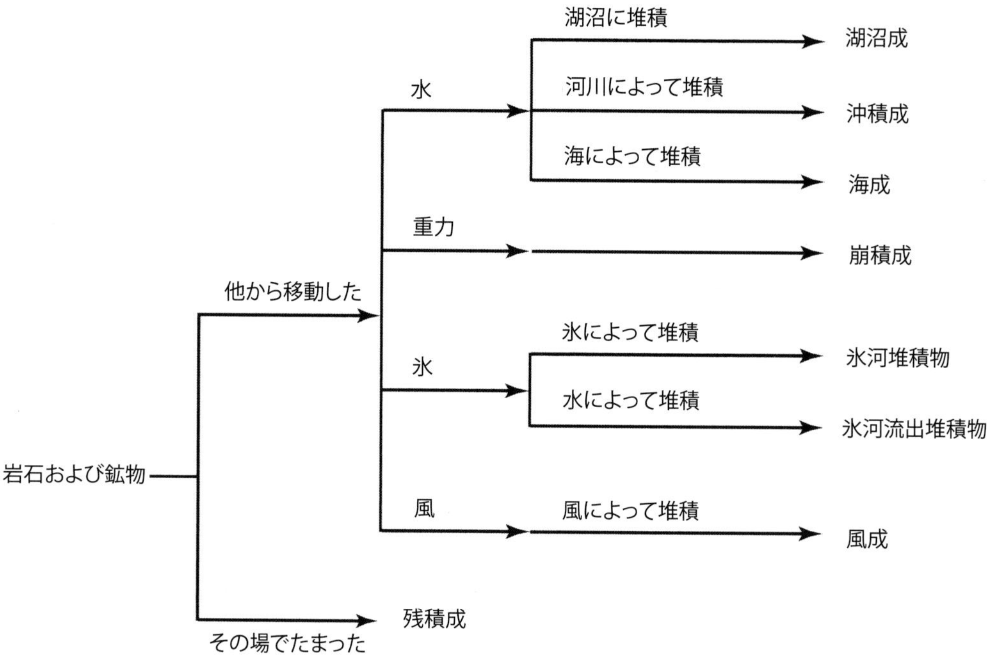

図３　母材とその堆積形態

運積成母材は、水や氷、風、重力によって、別の場所から移動してきた母材である。

水

水によって堆積した母材には、沖積成、海成、あるいは湖沼成がある。沖積成堆積物は、河川によって、とりわけ氾濫時に堆積したものである。沖積成母材より発達した土壌は、しばしば大変生産性が高い。なぜならば、一般に平坦で、水にも近く、高い肥沃度を持つためである。広大な面積の沖積土壌は、ブラジルのアマゾン河、エジプトのナイル河、米国のミシシッピ河に沿って現れる。海中でたまった堆積物は砂質から粘土質まで広い範囲の土性を持つ。これら堆積物の多くは、多量の硫黄を含み、この硫黄は土壌生成過程で酸化を受け、酸を生成しうる。湖沼成堆積物は、世界で最も肥沃な土壌のいくつかの母材となっている（写真 2A)。この堆積物の土性は、かつて湖岸だったところではより砂質ではあるが、たいていシルト質か粘土質である。湖沼成土壌が一般に存在する平らな地形は、しばしば氾濫・湛水や排水不良が問題として残るものの、農業利用におけるこれら土壌の価値を高めている。

氷

アジア北部、北アメリカ北部、ヨーロッパ北部および中央部の広大な地域は、過去百万年にわたって頻繁に氷床に覆われていた。氷河の移動は、その下の基盤岩や土壌を破砕し、大きな礫から粘土まで様々な大きさから成る不均質な混合物を生み出した。氷河が融けて後退すると、この物質は堆積して新たな母材、氷礫土となる。融けつつある氷河から流れ出る大量の水によって、この氷礫土の多くは選分を受け、下流に砂と礫から構成される氷河堆積物の平原ができる。氷河地形は他の地形とははっきり異なり、波打つ平原と多くの脊梁によって特徴づけられる（写真 2B）。

風

砂やシルトは、露出した痩せ地から風によって運ばれ、元の場所から遠く離れた場所で新たな母材として堆積する。風によって堆積した（風成の）代表的な母材はレスや砂丘である。レスは主としてシルトから構成され、新たな場所へ数百キロメートルも運ばれる。時として深さ 50 m にも達するような広大なレス堆積地帯は、アルゼンチン、中国北部、米国中央部などに見られる。レスから生成した土壌は、一般に肥沃である。

砂は風によって砂丘と呼ばれる巨大な丘や尾根部に堆積することもある。これはオーストラリアや北アフリカに見られる（写真 3B）。水分が十分あれば、先駆植物種が定着し、砂丘が固定され、土壌生成が始まる。砂は通常石英粒から構成されるが、これは養分として寄与しないため、砂丘上に発達した土壌はたいてい肥沃度が低い。

重力

山岳地や丘陵地においては、高いところにある不安定な物質は、重力によって下方へ運ばれ、あまり選り分けられていない崩積成堆積物として堆積する（写真 3A）。凍結や、また時に造山運動は、このような石に富んだ粗粒な母材の重力による堆積を助長する。

鉱物風化

地表で作用する生物的、地球化学的、水文的動因に応じて、母材を構成する鉱物は、現在の地表の条件下でより安定な形態へと変化する。これらの変化は、数千年にわたって起こる大変ゆっくりとしたものであるが、いくつかの理由で重要である。第一に、鉱物風化に際して、リン、カリウム、硫黄といった養分が溶液中に放出され、それらは溶液中から植物に吸収される。第二に、土壌の鉱物性の変化に伴い、その物理的・化学的性質が劇的に変化する。これらの変化は、土壌の質を高めもすれば低めもする。鉱物組成は土壌の発達程度の指標でもあり、その土壌が経験してきた過去の気候や風化条件に関する情報を明らかにしてくれる。

物理的風化と化学的風化

鉱物と岩石は、物理的風化と化学的風化をともに受ける。物理的風化（崩壊）は、岩石や鉱物の組成を大きく変化させることなく、それらをより小さな断片へとサイズを減少さ

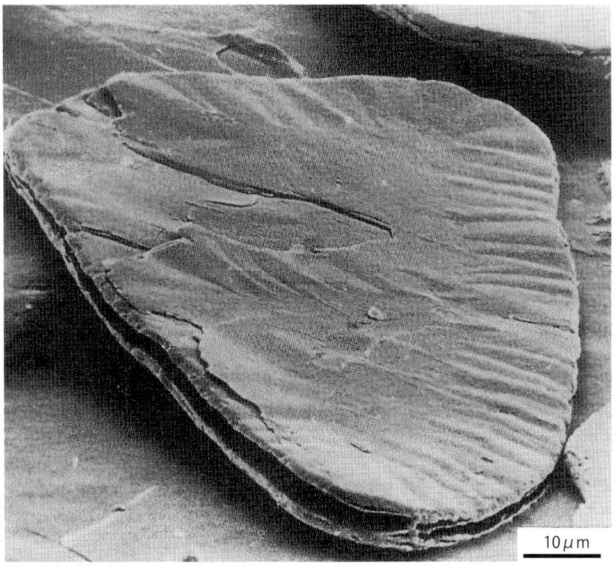

図4　風化を受けた雲母粒子。広がっている縁の部分はバーミキュライトに似た性質を持つ

せていく（写真 3C, 4A）。化学的風化（分解）の過程では、鉱物は可溶性成分へと分解され、それらは引き続き排水とともに失われるか、あるいは新たなより安定な鉱物を再生成する。生物活動で放出された有機酸は、鉱物の化学的風化にとりわけ効果的に関与する。土壌の生物相なしには、化学的風化は、多分現在起こっているよりも千倍もゆっくりとした速度でしか進行しないだろう。

化学的風化と物理的風化は同時に起こり、また互いを助長する。各々の相対的な重要性は、主に気候によって異なる。すなわち、物理的風化は冷涼な乾燥した地域において卓越し、化学的風化は温暖で湿潤な気候下で著しい。

鉱物遷移

方解石（$CaCO_3$）や石膏（$CaSO_4$）のような比較的溶けやすい鉱物は、たやすく溶解してカルシウムや硫黄を溶液中に放出する。これらの鉱物の風化は比較的単純であり、新たな鉱物の生成を伴わない。例えば、方解石の粒子は溶けるにつれて小さくなるが、その組成は変化しない。

一方、雲母のようなより溶けにくい鉱物の風化は、もっと複雑である。雲母は、バーミキュライトやスメクタイトと同じように、層状ケイ酸塩と呼ばれる鉱物群に属し、層状の（葉のような）構造を持っている。似たような構造を持っているにも関わらず、これら３種の層状ケイ酸塩鉱物は大変異なった性質を持っている。例えば各々は異なった量のカリウムを持ち、そのカリウムは異なった強さで保持されている。何百年、何千年にもわたって、化学的風化は雲母からカリウムを選択的に除去していく。カリウムが選択的に溶脱されるにつれて、雲母はその組成や性質が徐々にバーミキュライトに近づいていく（図 4）。

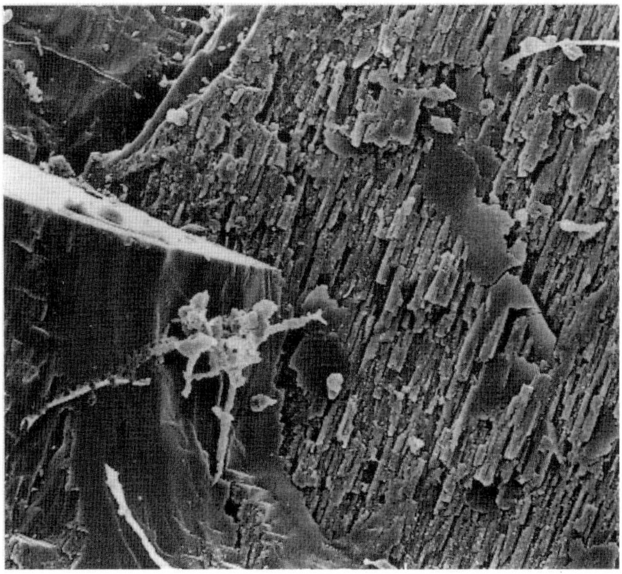

図5　化学風化によって長石の表面一面に穴ができる。このような穴は多くの鉱物で観察される

さらに継続した化学的風化によって、このバーミキュライトはスメクタイトに遷移する。

長石はテクトケイ酸塩と呼ばれる鉱物群に属する。長石の風化は、雲母のように大変複雑である。長石の化学的風化はカリウムの選択的な除去に始まり（図5）、最終的には別の層状ケイ酸塩であるカオリナイトの生成に至る。雲母や長石の風化に際して放出されたカリウムは、植物による吸収が可能となる。それゆえに、相当量の雲母や長石を含む土壌では、おそらくカリウムの施肥は不要である。

鉱物性と土壌の発達

鉱物の風化されやすさは、鉱物によって異なる。それゆえ、ある土壌の粘土画分に存在する一連の鉱物は、その土壌の発達程度の指標となる。たとえば、石膏、方解石、かんらん石は比較的たやすく風化するため、きわめて若い土壌にしか見られない。冷涼で乾燥した気候下でわずかに風化を受けたような場合は、より古い土壌にも見られるかもしれない。逆に粘土画分においてカオリナイト、ギブサイト、ゲータイトが卓越していれば、それは土壌発達の段階がかなり進んでいることを示している。この後者の鉱物群の卓越する土壌は、熱帯気候下においてのみ見られるようである。粘土画分で卓越する鉱物種に基づいて、私たちは鉱質土壌の発達段階を示すことができる（表1）。

土壌鉱物

土壌中の一連の鉱物は、母材に対する土壌生成過程の働きかけを反映する。砂丘から発達したようなある種の土壌には、わずかな種類の鉱物（例えば石英と長石）しか存在しな

表1　土壌の発達ステージ

発達ステージ	粘土画分における主要鉱物
初期	石膏（硫酸カルシウム）および可溶性塩類 方解石（炭酸カルシウム） かんらん石
中期	雲母 長石 石英 バーミキュライト スメクタイト イモゴライト アロフェン
後期	カオリナイト ギブサイト ゲータイト ヘマタイト

いが、高度に不均質な氷礫土から発達した土壌は、多くの鉱物種によって構成されるだろう。土壌に現れるすべての鉱物の中で（表 1）、肥沃度、水分保持能、土壌構造に多大な影響を与えるものは、ふつうは粘土画分（粒径が 0.002 mm 未満）の中に見いだされる。これら粘土画分の鉱物は、その大きさが非常に小さいこと、表面積が大きいこと、表面荷電を持つことなどの理由により重要である。ほとんどの鉱物は負荷電を持つため、陽イオンとして存在する植物の養分は、鉱物表面に保持されうる。

粘土画分の鉱物

層状ケイ酸塩――ほとんどの土壌において粘土画分を占める主要鉱物は、とりわけ温帯地域においては、層状ケイ酸塩である。これらの鉱物は、主としてケイ素、アルミニウム、酸素から構成され、その特徴は、負荷電を有すること、そして本のページの積み重なりに似た独特な層状構造を持っていることである。層状ケイ酸塩の中で最も単純なものは、カオリナイトとして知られる鉱物である（図 6)。この鉱物は電子顕微鏡で見ると六方晶系の結晶であるが、外表面が小さく荷電量も小さい。そのためこの鉱物は、陽イオンや水分子を吸着する能力が低い。その結果、カオリナイトは、他の層状ケイ酸塩の特徴である粘着性、可塑性、収縮・膨潤性を示さない。それゆえにカオリナイトに富んだ土壌は、荷電や表面積の大きな層状ケイ酸塩に富んだ土壌と比べれば一般に肥沃でないが、道路や建築物には安定した土台を提供する。

その他の重要な粘土画分の層状ケイ酸塩として、スメクタイト、バーミキュライト、細粒雲母が挙げられる。砂やシルトサイズの雲母と同様、多くの土壌において細粒雲母はカリウムの給源として重要である。しかしこの鉱物の各層は、水分子を吸着するために広がることができないほどの強さで、お互い引きつけられている。細粒雲母の非膨潤層とは対照的に、バーミキュライトやスメクタイトの各層は濡れれば膨潤し、広い内表面をさらけだす。そしてこのようにして、土壌の養分や水分保持能を大きく増大させる。例えばスメ

図 6　高解像度写真によってとらえられた六方晶系のカオリナイト結晶

クタイト類で最もよく現れるモンモリロナイトは、1 グラムあたり 800 m^2 の表面を持つ。この鉱物の大きな表面積によって、相当量の養分、有機分子（汚染物質を含む）、水が吸着保持され、そしてこの水が粘土各層の膨潤の原因となる。しかしながら、干ばつの時のように、スメクタイトに富んだ土壌から水が失われれば、各層はつぶれ、その結果土壌は収縮し大きな亀裂が発達することになる（写真 4B）。

鉄・アルミニウム酸化物——鉄やアルミニウムの酸化物鉱物（前者は例えばゲータイト（図 7）やヘマタイト、後者はギブサイト）は、ほとんどすべての土壌で少量存在し、また強風化土壌では卓越することもある。鉄酸化物は土壌の色に大きく寄与する。例えばヘマタイトは、熱帯地域の多くの土壌に深い赤い色をもたらす（写真 4C）。さらに鉄酸化物は、しばしば塗装や化粧における天然の顔料として使われる。土壌中では、鉄とアルミニウムの酸化物は、いずれも他の鉱物の被覆としてよく存在し、また同様に安定な土壌団粒を形成する際の接着剤としてもはたらく。

層状ケイ酸塩とは対照的に、酸化物鉱物の表面荷電は土壌の酸性度（pH として表される）によって変化するので、pH 依存性荷電（変異荷電）とも呼ばれる。pH 値の 7 の時が中性であり、これより pH が低ければ酸性、高ければアルカリ性である。高 pH において酸化物は負荷電を持つが（この負荷電は吸着された陽イオンと釣り合っている）、低 pH では酸化物表面は正荷電を持ち、これが陰イオンを保持している。それゆえ鉄・アルミニウム酸化物に富む土壌では、pH が吸着イオン（養分であれ汚染物質であれ）の種類と量を

図７　走査型電子顕微鏡写真における編み糸のボールのように見えるゲータイト結晶

規定する。

他の重要な粘土鉱物――アロフェンとイモゴライトは、火山灰より発達した土壌において一般的な、あまり特徴のわかっていない鉱物であり、太平洋に沿った多くの国々で現れる。鉄・アルミニウム酸化物のように、アロフェンとイモゴライトの荷電も pH によって変化し、酸性土壌では多量のリンがこれらの鉱物に強く結合する。

また、マンガン酸化物は、多くの土壌で少量しか存在しないが、その量から予想されるよりもはるかに大きな重要性を持っている。これらの鉱物は強力な酸化剤であり、多くの有機・無機土壌物質（ヒ素、クロム、多くの有機農薬を含む）の形態変化に重要な役割を果たしている。

土性

土壌の細土画分中の無機粒子、すなわち直径 2 mm 以下のすべての粒子は、おおまかに３つのサイズに分けられる。砂（2-0.02 mm）、シルト（0.02-0.002 mm）、粘土（0.002 mm 以下）である。土性とは、砂、シルト、粘土の相対的な割合によって決定される。土性の三角図（図８）は、これら３画分の割合が異なると、どのような土性の区分を与えるかを図示したものである。

表2　土壌のいくつかの性質に及ぼす土性の影響

性質	土性の区分		
	粘土	シルト	砂
保水性	高	中	低
排水速度	緩（亀裂がなければ）	中	速
水食の受けやすさ（受食性）	中	高	低
風食に対する脆弱性	低	高	中
結合（凝集）、粘着性、膨潤収縮	高	中	低
肥沃度	高	中	低
汚染物質の流出しやすさ	低（亀裂がなければ）	中	高
圧密の受けやすさ	高	中	低

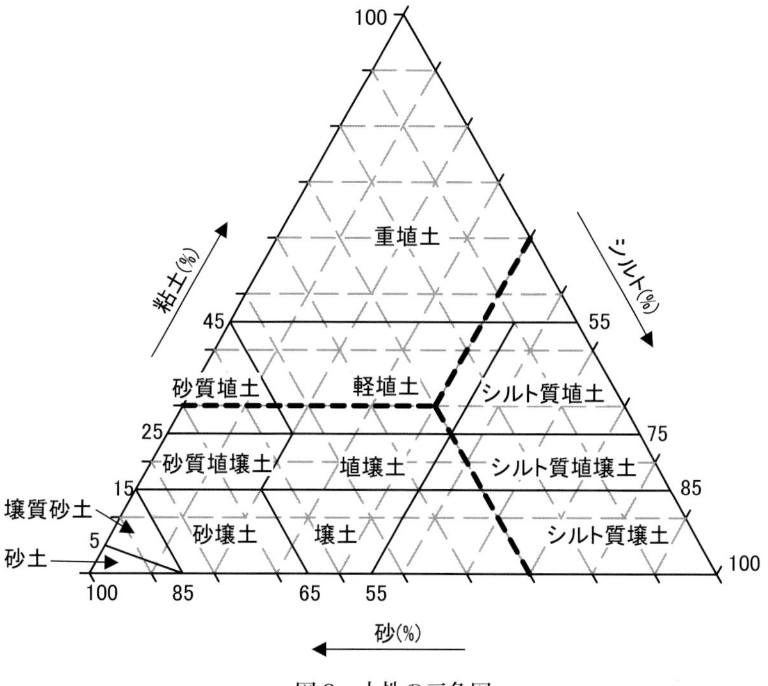

図８　土性の三角図
３本の点線から、粘土 30%、砂 30%、シルト 40%を持つ土壌は軽埴土であることがわかる

最もふつうに見られる土性は、壌土のグループである。壌土は、３画分のうちどれか１つの画分が卓越することのないような土性として定義される。砂やシルト、粘土のどれかが少し過剰に存在するような壌土は、砂壌土、シルト質埴壌土、あるいは他の壌土亜群として記述される。注意しなければいけないのは、壌土は土性の区分のみを表わすのであって、しばしば誤解されるように、有機物含量が高い肥沃な土壌を示すわけではない。

土性の重要性

土性はおそらく、肥沃度や水分保持能、侵食の受け易さ（表２）といった土壌の基本的な性質を決める最も重要な変数である。これらの性質の多くが土壌間で異なるのは、土壌

手ざわりによる土性の判定法

まず片手に少量の土壌（ゴルフボールかそれよりやや多いくらい）をとるところから始めよう。これをこねながら、必要ならば土壌がパテのような粘り気（コンシステンシー）を持つようになるまで水をゆっくり加える。シルトや粘土の塊が全て壊れるまで、数分間こねる必要がある。このとき土壌が正しい量の水分を持っていることが大切である。土壌は等しく湿っていなければならないが、余分な水があってもいけない。

土壌が適切なコンシステンシーに達したら、これを握ってボールを作ってみよう。土壌が粘土をほんの少量含んでいるだけでも、たやすくボールができる。次に、湿った土壌を親指と人差し指で押して、リボンを作ってみよう。そしてリボンをぶら下げてみる。このリボンの長さが粘土含量の指標となる。粘土含量が増すにつれて、しなやかで光沢のあるより長いリボンができるだろう。

次に、土壌に砂が多いのかそれともシルトが多いのかを調べるために、土壌が液状化する程度まで少量の土壌に水を加えてみよう。シルトが卓越する土壌では、なめらかで滑るような感じがする。相当量の砂を含む土壌では、砂のざらっとした手触りを感じることができるし、個々の砂粒子が目で見えるだろう。

それでは土性を判定するために、下のフローチャートをたどってみよう。

スタート
↓
土壌のボールができるか？ →（いいえ）砂土
↓はい
土壌のリボンができるか？ →（いいえ）壌質砂土
↓はい
リボンの長さはどのくらい？

(I) 2.5 cm 未満
* なめらかで滑りやすい → シルト質壌土
* 砂を感じる → 砂壌土
* 上記のどちらでもない → 壌土

(II) 2.5 ～ 5 cm
* なめらかで滑りやすい → シルト質埴壌土
* 砂を感じる → 砂質埴壌土
* 上記のどちらでもない → 埴壌土

(III) 5 cm より長い
* なめらかで滑りやすい → シルト質埴土
* 砂を感じる → 砂質埴土
* 上記のどちらでもない → 埴土

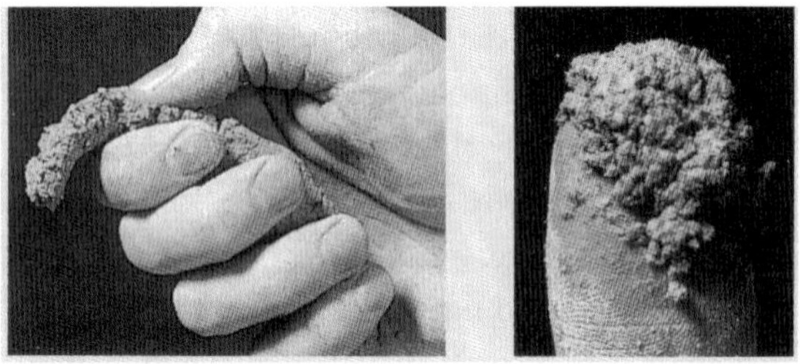

図 9A　砂壌土：長さ 2.5 cm 未満のリボンができる個々の粒子を目で見ることができる

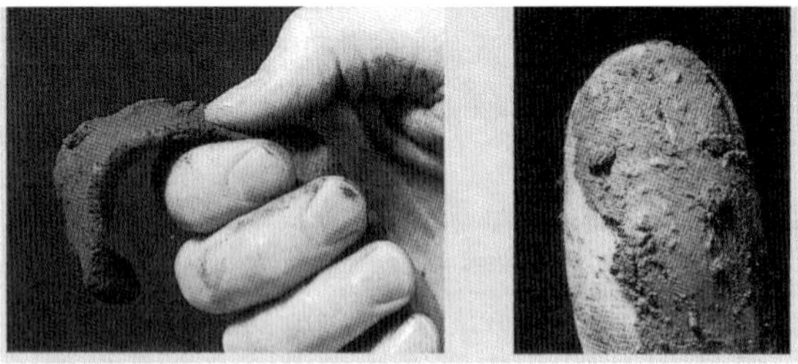

図 9B　埴壌土：長さ 2.5 ～ 5 cm のリボンができる土壌はなめらかに見える

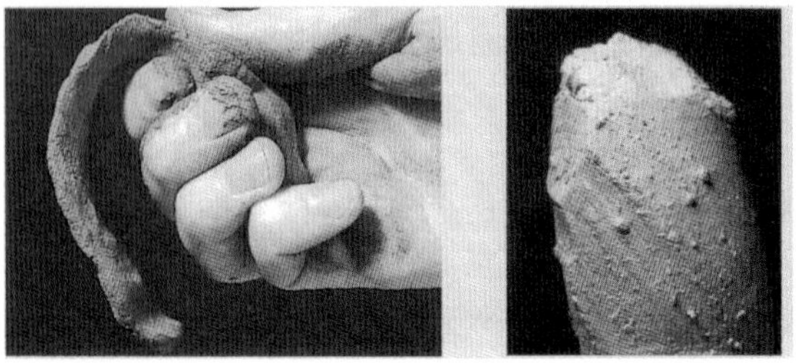

図 9C　埴土：5 cm より長いリボンができる土壌はどことなくきらきらして見える

の土性がその鉱物性の影響を大きく反映しているからである。石英、長石、雲母は砂と粗いシルトで卓越するが、より活性の高い酸化物と粘土鉱物は、粘土や細かいシルト画分で卓越する。基本的な土壌の性質としての土性の重要性は、それが比較的変化しにくいという点からも強調される。土性は、侵食や鉱物風化、断面内の粒子移動を通して、長い時間をかけてのみ変化しうる。

土性の決定

土性を決定する最も正確な方法は沈降法である。これは水中に少量の土壌を分散させた後、個々の粒子を沈降させるものである。砂は速やかに沈降する。引き続きシルトが、最後に粘土が沈降する。この方法によって、砂、シルト、粘土の量を正確に定量できるが、大変時間がかかるため、しばしばより速やかな分析が要求される。

土性の区分は、装置なしでも、土壌の「手ざわり」によって、速やかに決定できる（図9)。訓練をつめば、この方法でも鉱質土壌の土性区分を正確に特定することができる。

有機物

土壌有機物は、おおまかに 3 種類の有機物から構成される。(i) 生きている植物、動物、微生物、(ii) 植物、動物、微生物遺体の断片、(iii) 分解が進み化学的に多様な有機物質、である。最後の画分は腐植として知られるもので、土壌有機物全体の 60 ～ 80%を占める。腐植は、分解の進んでそれ以上分解を受けにくいリグニンやロウのような有機物からなる黒色の集合体である。腐植がそれ以上分解を受けにくいのは、その構成分子が分解抵抗性を持つだけでなく、鉱物表面に近接しているために分解者である微生物が近づきにくいからである。腐植は、酸化物鉱物と同じように pH 依存性の荷電を持ち、中性からアルカリ性の土壌では多量の陽イオンを保持する。腐植の表面積は非常に大きく、しばしば膨潤性粘土鉱物の表面積を超えるほどである。

有機物の機能

土壌有機物の機能は多様であり、植物の生育や生態系の健全性に影響を及ぼす（写真4D, 5A)。

*** 養分供給**――土壌有機物は、植物にとって窒素・リン・硫黄の主要な給源である。さらに有機物は土壌微生物にエネルギーと炭素を供給し、その分解過程で有用なビタミンやアミノ酸を放出する。

*** イオン交換**――腐植の高荷電により、有機物に富んだ土壌は、植物が容易に利用できるような形態で多量の養分陽イオンを保持することができる。この荷電は、有機・無機汚染物質も保持し、地下水へ移動するのを防いだり遅らせたりする。

*** 構造**――有機物は土壌粒子同士を結合させる接着剤として働くため、団粒の形成と良好

土壌と炭素循環

全ての土壌有機物は、活性あるいは難分解性という二つの画分に分けることができる。多くの腐植は難分解性の画分に属し、土壌中に何世紀も残存する。一方、活性な画分は、数ヶ月から数十年で分解してしまう。この活性な画分は絶えず変化しているので、土壌の質を維持するためにはこの画分に注意しながら管理することが求められる。1ヘクタールの土地の有機物レベルを維持するためには、約 4000 ～ 6000 kg の作物残渣が必要である。この残渣は、収穫によって持ち去られた植物体の分や、微生物の呼吸によって二酸化炭素やメタンとして大気中に失われた分の代わりとならねばならない（図10）。このような多量の温室効果ガスの大気中への放出は、地球温暖化に多大な影響を及ぼす。より少ない耕起で済むような農法は、表層近くの土壌有機物残渣を維持し、有機炭素の損失を最小化する手段となる。従って、世界の土壌を適切に管理すれば、陸上環境の健全性を高めるとともに、大気組成をも改善することができる。

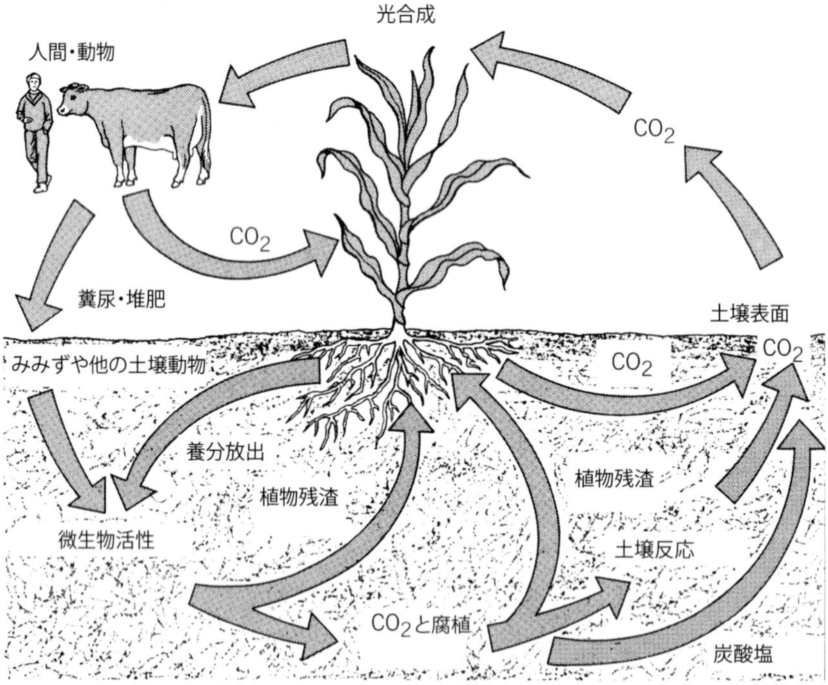

図 10　炭素循環は多くの重要な反応を含む

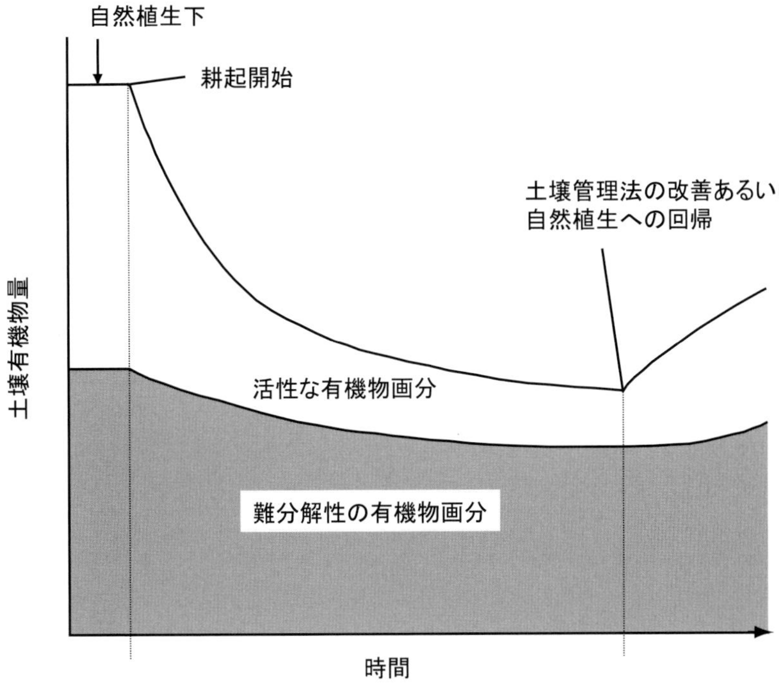

図 11　耕起のような土壌管理は土壌有機物含量に大きな影響を与える
その影響の大部分は有機物の活性の高い画分で生じる

な土壌構造の形成を促進する。有機物に富む土壌は一般に侵食を受けにくく、また根の伸長や発芽が良好である。

* **水分保持能**――腐植は、重量あたり粘土の５倍の水を保持することができる。有機物はまた、土壌構造に対する効果を通して、間接的に土壌の水分保持能を増大させる。有機物に富んだ土壌はより良好な構造を持つため、水の浸透は容易になり表面流去は減少する。
* **土色と土壌温度**――腐植に富んだ表層はより暗色であるため、淡い色の表層より多くの太陽光を吸収し、土壌を暖める。土壌表面の有機物マルチは、土壌温度が極端に高くなったり低くなったりすることを抑える。園芸家は、温度に感受性の高い植物にしばしばマルチを行い、寒い冬の期間、地表に断熱層を作る。しかし、このマルチは、春に土壌が暖まるのを妨げることもある。

有機物含量に影響を及ぼす要因

排水の良好な鉱質土壌の表層は、通常１～8%の有機物を含む。土壌に存在する有機物の量は、さまざまな要因により変化する。有機物含量は、冷涼・湿潤な地域で高く、砂漠のような温暖で乾燥した地域で低くなる。くぼ地にあるような排水の悪い土壌では、表面流去由来の水が増加し、またその結果植物生育が増大することを受けて、しばしば多量の有機物が存在する。主として落葉によって有機物を供給する森林と比べて、草原のような広がりのある根系を持つ植生では土壌有機物が多くなる。

耕起は有機物量を大きく減少させる。これは、植物体が除去されることと、土壌の通気性の改善によって微生物による有機物の分解が促進されることによる。未耕地が初めて耕作されたとき、特に熱帯の生態系では、有機物量の速やかな減少が起こる。しかしながら有機物量は、最終的には新たなより低いレベルで安定する（図 11）。

粒子の配列と構造

構造とは、砂・シルト・粘土・有機物が集まってより大きな構成単位で配列したものを指す。自然に生成する団粒をペッドといい、耕起や掘り起こしの際に人工的に生成するものをクロッド（土塊）という。大きさが一から数百ミリメートルのペッドは、土壌が成熟するにつれて、土壌生成過程によって何十年から何百年もかけて発達する。しかし、人為的な干渉はごく短期間にこの構造を変えたり破壊したりする。土壌構造は、水の浸透、受食性、根の伸長や発芽の容易さに大きく影響を及ぼす。このような理由から、良好な土壌構造を生み出し維持する要因の解明を目的として、多大な努力が払われてきた。

土壌構造の形成

庭や野外から採取した土壌のペッドは、多くのより小さな団粒から構成されている。虫めがねでひとつのペッドをよく見てみると、多くの小さな構成物が見え、そしてこの構成物はさらに小さい単位からできているのが分かるだろう。手の中でペッドをこわしてみても、同じようにこの多様な配列のより小さな団粒が見えるだろう。この構造における階層は、まず砂、シルト、粘土、腐植の一次粒子間の相互作用によって説明できる。この相互作用には、生物的なものと非生物的なものがある。生物的な要因は、より大きな団粒間や砂質土壌において支配的であり、非生物的な要因は一次粒子を結合させる際により重要である。

非生物的な要因――団粒化は、凝集という過程で粘土粒子が引きつけ合うところから始まる。この引力は、カルシウム（Ca^{2+}）やマグネシウム（Mg^{2+}）のような陽イオンが、負に帯電した粘土粒子間の架橋としてはたらくことにより発生する。しかしながら多量のナトリウム（Na^{+}）は反発し合う効果をもたらし、粘土が凝集する代わりに分散する原因となりうる。ナトリウムに富んだ土壌がしばしば非常に貧弱な構造しか持たないのは、この理由による。腐植はその大きな荷電により、個々の粘土の塊あるいはシルト粒子を互いに結びつけ、それによって団粒のサイズを大きくすることに貢献する。鉄・アルミニウム酸化物は土壌構造の発達を促進し、非常に安定な団粒を生み出す。これは乾燥によってより安定化する。

スメクタイトに富んだ土壌で顕著であるが、収縮と膨潤もまた構造の発達を促進する。

弱い構造面に沿って土壌がむりやり動かされることによって、ペッドの境界が明瞭になってゆくからである。これらの過程は、北アメリカの北部平原のように、湿潤と乾燥あるいは凍結と融解が繰り返される地域でよく見られる。

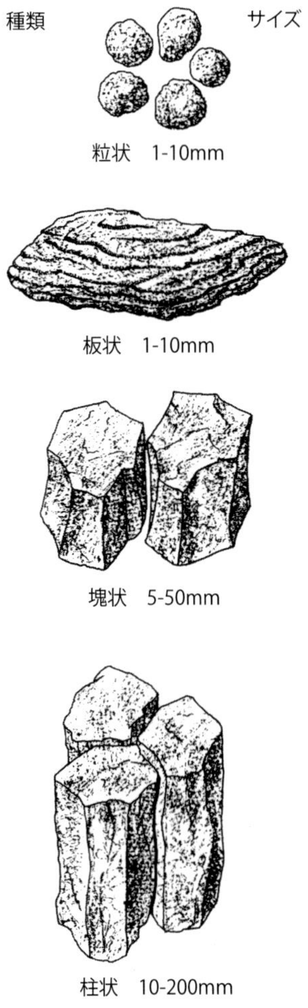

図 12　鉱質土壌でみられる土壌構造の主要な 4 種類の形態

生物的な要因――細菌、菌類、植物の根毛はいずれも多糖類（粘着質の糖のような物質）を生産するが、これは個々の鉱物粒子あるいは粘土の塊を被覆する。この有機物と鉱質との密接な複合体は土壌中いたるところに存在し、微小団粒同士を結びつけ、その結果より大きな目に見えるような構造単位（高次団粒と呼ばれる）を形成する。微小団粒はまた植物根や真菌類の菌糸によっても結びつけられ、より大きな団粒を形成する。最後に、ミミズやシロアリは、穴を掘りながら通路をつくることによって、また土壌を摂食し消化管を通過させることによって、構造形成を促進する。

構造の種類

ペッドは、その種類（形状）だけでなく、大きさ（小、中、大）や発達程度（弱、中、強）によっても記述される。ペッドの主要な形状には、図 12 に示したように 4 種類あり、これを以下に述べる。しかし、団粒や認めうるペッドを持たない土壌もある。例えば砂丘に生成したとても若い土壌などは構造がないとみなされる。

* **粒状**――ゆるく詰められた、有機物に富んだ表層土壌に見られる丸いペッドである（写真 5B）。粒状のペッドは、ミミズの影響の強い草地土壌に最も頻繁に現れる。
* **板状**――薄い、水平方向に発達した板状のペッドである。一般には溶脱を受けた表層に見られるが、より深層に現れることもある。この板状構造は、たいていは土壌生成過程の産物であるが、母材固有のものであったり、圧密の結果であったりすることもある。
* **塊状**――立方体のような形をしたペッドである。通常は次表層に見られ、良好な通気、排水、根の伸長を可能にしている。
* **柱状**――垂直方向に発達したペッドであり、次表層に現れる（写真 5C）。構造の高さや形状は様々である。丸い頂部を持ったものは、根が通過するには緻密すぎることもある。この構造は、ナトリウムの高い土壌で最もよく見られる。

孔隙と密度

土壌の孔隙と密度は、土性・有機物含量・構造などの多くの要因に影響されるとともに、水の浸透・根の伸長・発芽の容易さに影響を及ぼしている。土壌の孔隙と密度に関する議論は、まず仮比重（容積重）の定義から始めるべきであろう。

仮比重

仮比重は、一定体積あたりの乾燥土壌の質量と定義される。この体積は、固相と孔隙空間の両者を含む。このため、仮比重は常に個々の土壌粒子の密度（真比重：通常約 2.6 g/cm^3）より低くなる。例えば真比重が 2.6 g/cm^3、孔隙空間が 50%の土壌は、仮比重が真比重のちょうど半分である 1.3 g/cm^3 となるだろう。一般に、砂質土壌の仮比重は粘土質土壌より高くなる。言い換えれば、砂質土壌の孔隙空間は粘土質土壌よりも小さい。砂質土壌は粘土質土壌よりも孔隙が多そうに見えるので、このことは最初信じ難いかもしれない。しかし、砂質土壌では比較的少数の大変大きな孔隙のみ存在するのに対し、粘土質土壌では、非常に小さな孔隙が多く存在するので、全孔隙量は粘土質土壌の方が大きくなるのである。有機物は、主として団粒化を進め構造発達を促進することにより、仮比重を小さくする。仮比重は一般に、深くなるにつれて増加する。これは下層では有機物含量が少なくなることと、それより上部にある土壌の重さにより圧密を受けることによる。一般則として、仮比重は有機物含量の小さい砂質な下層土で最も高く（1.6 ～ 1.8 g/cm^3）、有機物に富み団粒発達の良好な粘土質の表層土壌で最も低い（1.0 ～ 1.2 g/cm^3）。

孔隙径分布

孔隙の大きさの分布は、排水性や通気性、根の伸長を決定づける上で、おそらく全孔隙量以上に重要である。孔隙の大きさは、顕微鏡で見るような空間（写真 5D）から大きな亀裂まで幅広い。0.08 mm より小さな孔隙を微細孔隙、0.08 mm より大きな孔隙を粗孔隙と呼ぶ。根やミミズ、シロアリのような生物によって作られた粗孔隙は、生物孔隙として知られる。一般に、粗孔隙は砂質土壌で卓越し、微細孔隙は細粒質土壌、中でも構造発達の弱い土壌において最も多く存在する。

孔隙がもたらす機能は、その大きさによって異なる。ほとんどの土壌において、微細孔隙は水によって満たされている。しかし、これらの孔隙はしばしば大変小さいため、水の移動は遅く通気が悪い。この理由のため、細粒質土壌はしばしば排水が悪く、湛水しやすい。水や空気は、主として粗孔隙を通じて速やかに移動する。これらのより大きな孔隙は、根や多様な土壌小動物によっても占められる。それゆえ土壌の質を評価するときには、仮比重や全孔隙量だけでなく、孔隙径分布も考慮に入れなければならない。

圧密の原因と影響およびその防止

農業や林業、レクリエーション活動などで土壌を集約的に使うと、仮比重が増大し粗孔隙が減少することになる。この孔隙量の減少の結果、根の成長が妨げられたり、水の浸透が制限されることで表面流去とそれに伴う水による侵食（水食）が促進されたりする。

公園や森林の歩道は、明らかに土壌圧密の影響を示している（写真 6B）。もし道の往来が継続的でかつ十分頻繁なものであれば、粗孔隙は、根の生長が阻害され植物が死んでしまうところまで減少するだろう。またその道に沿って、特に丘陵地では、相当量の水食が発生するだろう。

このような圧密の影響は、土壌を機械的に崩すことで軽減できるが、この軽減効果は残念ながら一時的なものである。機械的な破砕は団粒を壊し、長期的に見ればよりひどい圧密をもたらすことさえあるからである。予防的な手段の方がより安価であり、より効果的である。たとえばその道に木片の厚い層を敷いてやれば、足の圧力を広面積に分散させ、圧密を減らすことができる。また、土壌が乾いている時、すなわち団粒が最も強い時だけ通行を許可することによって、圧密を最小限にすることができる。

土壌中の水

水は生命にとって不可欠である。植物や土壌生物の成長や生存、また陸上生態系の機能は、土壌の水分状況と密接に関連している。土壌中のほとんど全ての生物的・化学的・物理的過程は、土壌生成に関するものも含めて、水が媒介している。土壌中の水はそれほど重要なのだが、世界の多くの地域では、1 ヘクタールの土壌が百万キログラムの水を含んでいるようなところでさえ、植物生育を維持するのに十分な水を供給できない。どうしてこのようなことが起こるのだろうか。その答えは、土壌中の水が湖や川やコップの中の水とはずいぶん違うというところにある。土壌水は、孔隙の大きさに応じた様々な強さで孔隙中に保持されている。さらに土壌水は純水では決してなく、むしろ多様な有機・無機物質を含んでいる。これら溶存物質の多くは植物の養分であるが、汚染物質の場合もある。

水分の保持

水は、大きな亀裂から微小な粘土鉱物の層間までの様々な大きさの孔隙に保持される。全ての孔隙が水によって満たされているとき、土壌は水で飽和されているといえる。水飽和された土壌が、底に排水用の穴のある鉢植えの中に入れられているところを、想像してみよう。水は単純に重力によって、たやすく土壌から排出されるだろう。ポットから最後の水の一滴が落ちたとき、その土壌は圃場容水量にあるという。この状態では、その土壌は重力に抗して持ち得るだけの水を保持している。すなわち水は、粗孔隙から排出され、微細孔隙にのみ存在している。

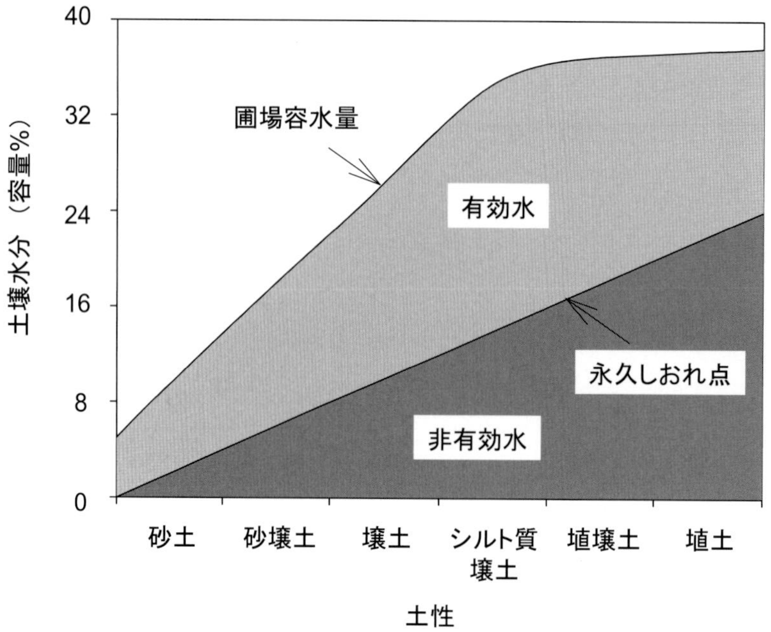

図 13　圃場容水量・永久しおれ点・有効水量は、土性によって異なる

圃場容水量にある土壌で生育している植物は、はじめのうちは必要を満たすためにたやすく吸水することができる。しかし土壌水の量が減るにつれて、水はよりしっかりと保持されるようになる。従って土壌が乾燥するにつれて、植物は水を得るのが次第に難しくなってくる。植物根は、初めのうちは比較的大きな孔隙から容易に水を取ってくることができるが、そのうちより吸水の難しい小さな孔隙から取らなければならなくなる。ついには最も乾燥耐性の高い植物でさえ、生き残るために十分な水を取り出すことができなくなってしまう。この時点で、土壌は永久しおれ点にあるという。

粘土質の土壌は、永久しおれ点においても多量の水を保持するが、この水は大変強く保持されているため植物はこれを利用できない(図 13)。したがって植物の生育にとっては、圃場容水量と永久しおれ点の間で保持されうる水、すなわち植物に利用可能な水（有効水）の量の方が、土壌水の全量よりも重要なのである。有機物は、直接的にはその大きな水供給力のために、また間接的には土壌構造や孔隙形成における望ましい効果を通して、有効水の量を増加させる。

水分の移動

土壌へのあるいは土壌中での水の移動は、土壌生成・植物生育・表面流去と土壌侵食・養分や汚染物質の移動に影響を及ぼす。浸透とは、降雨や灌漑、融雪水に由来する水が、土壌孔隙に入り込み土壌水となる過程である。浸透速度は降雨や灌漑の最中にしばしば変化する。もし初めに土壌が乾いていれば、粗孔隙は空でありそれゆえに速やかな浸透が起

砂漠からオアシスへ

多くの乾燥地において、温度条件と日照条件は植物生育にたいへん適している。不幸なことに、これらの地域では水不足がしばしば作物生産を制限する。乾燥地における灌漑によって、特に排水が良好で肥沃な土壌においては、作物収量を大きく増加させることができる。灌漑には、主として 3 通りの方法がある。(i) スプリンクラー灌漑、(ii) 表層灌漑（例えば溝や畝間)、(iii) 微量灌漑である。これら 3 つとも、利点もあれば欠点もあり、選択すべき手法は様々な要因によって異なる。しかし全ての手法において重要な前提条件は、きれいな水が十分あることである。灌漑水中に可溶性塩類や微量金属がほんの少量存在するだけで、長い時間がたてば土壌の質は大きく低下してしまう。

エジプト、イラク、イスラエル、ヨルダン、スーダンといった乾燥地域に位置する多くの国が灌漑に頼っている。エジプトの 6 千万人の住民は、食料生産のほとんど全てを灌漑に依存している。エジプトのアスワン・ハイ・ダムは、ナイル川の周年氾濫を制御するために 1960 年代に建設されたが、それはまた広大な砂漠の灌漑を助ける貯水池、ナセル湖を作るためでもあった。エジプトにおける灌漑は、たびたび干ばつに悩まされてきた土地の農業生産性を大きく増大させた。とりわけ灌漑水の安定した供給によって、この国は 1970 年代から 1980 年代にかけて起こった深刻な干ばつの影響を免れることができた。

こる。そして次第に粗孔隙が水で満たされるにつれて、浸透速度は減少し、地面で水が滞留するようになるだろう。

水はひとたび土壌中に入ると、飽和流あるいは不飽和流によって移動する。飽和流は、全ての孔隙が水で満たされているとき起こり、不飽和流は、粗孔隙が空気で満たされているためにより微細な孔隙のみで水が伝わるような土壌で起こる。飽和流では、水移動のほとんどを担うのは粗孔隙である。従って、砂質土壌や構造の発達した土壌など粗孔隙に富んだ土壌では、非常に湿った条件下でも速やかに水が移動できる。一方、不飽和流では水は迷路のような毛管サイズの孔隙を通って、曲がりくねった経路を伝わらなくてはならない。そのため、乾いた土壌やあるいは粘土質土壌のような微細孔隙の多い土壌では、水の移動速度がずっと遅くなる。

水が土壌中を移動する方法には、水の飽和流と不飽和流だけでなく水蒸気としての移動もある。この 3 番目の移動形態は通常砂漠土壌のような乾燥した土壌の中でのみ実質的な重要性を持つ。覚えておくべきことは、基本的に土壌ではこれら 3 つのメカニズムが同時に働きながら水を移動させているということである。

第 2 章　土壌の分類と地理的分布

Soil Taxonomy and Geography

土壌は、局地的にみても、地域的あるいは地球レベルでみても、非常に変化に富んでいる。土壌の持つこの多様性は、短い距離しか離れていなくても明らかであるが、これは、多様な母材と土壌生成因子とが互いに影響を及ぼしあったことによる。土壌の種類と分布は、その地域の生物相の量や多様性を決定する重要な役割を担っている。また、生態系の健全さ、あるいは汚染物質の集積や生物多様性の損失といった環境負荷に対する生態系の受容能力も左右している。従って、土壌の分類とその地理的分布を知ることは、生態系の働きを理解するうえでの重要な基礎となる。では、土壌の分類について述べる前に、まず土壌断面について説明しておこう。

土壌断面

前章で述べられた土壌生成作用によって、母材は変化を受けて土壌断面を構成するいくつかの層位が生成する。層位の種類、厚さ、配列は土壌の種類やその特性を判別する際の助けとなる。土壌断面を観察する最も容易な方法は、露頭を調べることである。多くの場合、露頭は長く続いているので、断面が地形に沿ってどのように変化するのかを知ることができる（写真 7）。

断面上層における有機物の集積は、暗色の A 層を作り出す。森林土壌の多くでは、落葉やその他の有機物の破片が無機質の土層（A 層）の上に集積し、有機質層（O 層）を形成する。溶脱と風化が激しい場合には、A 層の下に淡色の溶脱層（E 層）が存在することもある。溶脱が起こっている間、粘土、酸化物、炭酸塩鉱物が断面上部から洗い流され、次層（B 層）に集積する（集積層）。A、E、B 層を合わせてソーラム（生成土層）と呼ぶ。そして B 層の下には、土壌生成作用が比較的及んでいない C 層がある。生成土層と C 層を合わせてレゴリスと呼び、基岩上の未固結の層と定義される。風化は表面から始まるので、最表層が最も変化を受け、下層は変質を受けていない母材に最も近い。

上で述べた O、A、E、B、C の文字は主層位を表し、層位のごく一般的な性質を表現している。もっと詳しい記述が必要なときには、これら大文字に小文字を添え、主層位の命名を修飾する。例えば、Bt は粘土が集積した B 層（t；ton、ドイツ語で「粘土」）、Bk は炭酸塩の集積した B 層を意味する。小文字の b は、埋没層の表現に用いられる（例；

Ab)。

土壌の色と層位分け

層位の境界は、はっきりしている場合もあれば、ぼんやりしている場合もあるので、層位を分けるには、様々な基準が用いられる。例えば、現場では土色、構造、土性を基準に層位を分けることができる。さらに、層位分けの基準には実験室での分析結果も用いられる。構造と土性の調べ方については第１章ですでに述べたので、ここでは土壌の特性として重要な土色の調べ方に注意を向けてみよう。

土色は、層位内や層位間という同じ土壌断面の中で異なるだけではなく、村や地域を違えた別々の土壌の間でも異なっている。色の微妙な違いが土壌の物理・化学的性質の重要な違いを表していることもある。例えば、有機物や鉄の含量のわずかな変化が土色を変え、土壌の化学的プロセスに重要な変化を生じさせることもありうる。また、「斑紋」（通常、錆色の斑点）の存在は、その土壌に通気性の悪い期間があったことを示している。土色を調べる標準的な方法では、マンセル土色帖を利用する[2]（写真 8A)。土色帖には、色相（色の赤味あるいは黄色味など）・明度（色の明るさ）・彩度（色の純度）という３つの変数により定義される色票が体系的に配列されている。 注２

土壌の分類――はじめに

動物、植物、化石、土壌を問わず、自然界の事物を分類することは、曖昧さなく有効なコミュニケーションをとるための必須条件である。分類体系が最も有効であるのは、それが体系的かつ詳細であり、さらに全世界で理解されている場合である。例えば、ある土地に作物を栽培したい農民にとっては、その土地の土壌を石灰岩質土壌、黒色土壌、粘土質土壌と呼ぶだけでは不十分である。そのような曖昧な言い方では、その土壌が本来持っている肥沃度、侵食の受けやすさ、汚染物質を浄化する能力、適正な土地利用といったことについてほとんど何も教えてくれない。対照的に、モリソルやポドソルという土壌名は、全世界の土壌学者に対して同じ意味を伝えるので、そのような土壌名に分類される土壌が持っている特有の性質も明らかとなる。それでは、土壌断面がどのように土壌の性質を決定し、土壌の分類方法の策定に役立っているかを説明しよう。

分類体系

現在、世界の土壌を分類するために利用されている階層的分類体系には２種類ある。両者とも、土壌の生成と性質に関する新たな知見を取り入れながら、年月をかけて発展して

訳者注２　日本では、標準土色帖として販売されている。オンライン購入も可能
（参照 URL：http://www.tech-jam.com/）

過去をのぞく窓

過去の環境条件で生成し、その後埋没したりしながら現在まで残ってきた土壌を、古土壌（Paleosol）という（写真 8B）。この古土壌を調べることで、過去の気候について多くのことが明らかとなる。5 億年前にまで遡ることができる化石的な古土壌も知られているが、研究されている古土壌の多くは数百万年程度の古さである。古土壌が過去の気候を復元するのにどのように役立つかという顕著な例として、中国で発見された数百万年にわたって繰り返されたレスの堆積と土壌生成が挙げられる。

レスは、風による運搬・堆積が容易におこる乾燥期に堆積すると考えられている。新鮮なレス堆積物での土壌生成は、気候が温暖湿潤なときにのみ起こると考えてよい。そこで、様々な厚さのレスで覆われた 30 以上の古土壌を調べた結果、中国北中部では少なくとも 250 万年にわたって湿潤と乾燥が繰り返されたことが判明した。さらに、各湿潤期の程度と期間がそれに対応する古土壌の断面発達した厚さと鉱物風化の程度から推察できた。極端な例では、現在の気候が冷涼乾燥であっても、風化の進んだ熱帯土壌の組成や性質を古土壌が持っていることさえある。

きたものである。今後も、我々の土壌への理解が進むにつれ、さらなる修正が加えられるだろう。ひとつは、UNESCO（国連教育科学文化機関）が FAO（国連食糧農業機関）と共同で開発したものである[3]。この FAO-UNESCO 分類法では、土壌を 30 の主要グループに分類する。その下位レベルの数は増え続けている。もうひとつは、多国籍の研究者グループとアメリカ農務省が開発したもので、"Soil Taxonomy"[4]（以下、米国分類と呼ぶ）と呼ばれ、その程度は様々であるが 50 カ国以上で利用されている。この分類体系は 6 つの階層に分かれており、上から順番に、目（order）、亜目（suborder）、大群（great group）、亜群（subgroup）、ファミリー（family）、統（series）となる。目は 12 種類ある。そこで、この章の後半ではそれぞれの目を世界中の多様な土壌の写真とともに解説する。

注 3

注 4

米国分類では、特徴的な層位（特徴層位）の有無など土壌の物理的・化学的性質に基づき、どの土壌もいずれかの目に必ず割り当てられる。分類に用いられる最も重要な性質には、化学的な基準のほか、鉱物性、土性、有機物含量、構造、色、断面の深さ、水分・温

訳者注 3　FAO-UNESCO 分類には、少し複雑な歴史的経緯がある。1960 年代、世界の土壌を同一の分類法で地図化する機運が持ち上がり、FAO-UNESCO は 1974 年に凡例を完成させ、1981 年に図化を完了した（現在、デジタイズされた地図が FAO のホームページから購入できる）。この凡例は、もともと図化を目的としたものであり、新たな土壌分類体系を意図したものではなかった。しかし、この凡例をもとに自国の分類体系を作成する国が相次ぐにつれ、凡例の改訂が必要となり、「改訂凡例」が 1988 年に公表され、1991 年にはこの「改訂凡例」に基づく "World Soil Resources Map（2500 万分の 1）" が完成した。さらにその後、より科学的な知見に基づいた土壌分類基準の必要性が認識され、「改訂凡例」をもとに、WRB（World Reference Base for Soil Resources）として、1998 年に世に問うことになった。本分類については、日本語訳も出ている（「世界の土壌資源―照合基準」国際食糧農業協会）ほか、WRB 改訂版（2006）は、FAO のホームページからダウンロードあるいは注文できる。本文中で述べている FAO-UNESO 分類とは、WRB（1998 年版）のことである。

訳者注 4　米国農務省自然資源保全局（Natural Resources Conservation Service, United States Department of Agriculture）のホームページからダウンロードできる。

写真 1A　土壌は、食料と衣料を生産するために人間によって世界中で利用されている

写真 1B　土壌層位は、厚さは様々であるが、地表に平行である

写真 2A　主にシルトと粘土からなる湖の堆積物は、湖沼成の母材となり肥沃な土壌が生成するだろう

写真 2B　退行する氷河によって堆積した氷礫土の峰

写真 3A　崩積成堆積物は、丘陵・山岳地帯における多くの土壌の母材となる。露出した基岩（写真の背景）と崩積成堆積物は、伴って存在することが多い

写真 3B　風は、大量のシルトや砂を運搬堆積する

写真 3C　この岩の物理的風化は、典型的な「タマネギ」状風化をもたらした

写真 4A　土壌生成が進行中の基岩の物理的風化。崩壊は表面近くで最も激しい

写真 4B　スメクタイトに富む土壌は、乾季に大きな亀裂を生じる

写真 4C　鉄酸化物、特にヘマタイトは熱帯地域の強風化土壌の深い赤色を生み出す

写真 4D　林床の落葉は、土壌有機物の重要な構成物となる

写真 5A　有機物は、土壌表層を暗色にする

写真 5B　団粒構造は、水の浸透、根の伸長、種の発芽を促進する

写真 5C　角柱構造は主に次表層で見られる。この構造が強く緻密に発達すると、根の伸長が阻害される

写真 5D　薄片では、砂やシルト粒子や粘土皮膜（褐色）が観察できる。黒い部分は孔隙を示す

写真 6A　表面の厚いクラスト（土膜）は、植物の成長を阻害するので、物理的に破壊する必要がある

写真 6B　行楽地の遊歩道では、適切な対策を怠れば土壌の圧密が起こり、表面流去や土壌侵食が進行する

写真７　南アフリカの露頭で見られた暗色で有機物に富んだＡ層。左側でＡ層がより厚くなっているのは、表面流去によってより多くの水が供給され、植物の成長がよかったためであろう

写真 8A　マンセル土色帳の色票を使えば、土色を標準化された方法で決定できる

写真 8B　よく保存された古土壌は、過去の気候の復元に利用される

写真 9A　ヒストソルは、湿潤で冷涼な地域に多く見られる。カナダのニューファンドランドで撮影

写真 9B　ヒストソルは、層位の区分がはっきりしないことが多い

写真 9C　エンティソルは、侵食を受けごつごつした景観によく見られる

写真 9D　基岩の上に薄い表層を持つエンティソル。イラクで撮影

写真 10A　有機物に富んだ厚いA層を持つインセプティソル。肥沃度は比較的高い

写真 10B　ニュージーランドのアワテレ川そばの隆起した沖積平野には、肥沃なインセプティソルが見られる

写真 10C　アンディソルは埋没層を持つことが多い。日本で撮影

写真 10D　火山の噴火によって放出された灰やその他の砕屑物が、アンディソルの母材となる

写真 11A　ジェリソルが優占する地域に特徴的に見られる多角形。凍結による土壌の隆起によって形成される

写真 11B　フランス・パリ近郊の土壌で見られる波打った層位は、過去のもっと寒冷な気候で存在していたジェリソルのなごりである

写真 11C　バーティソルは平坦な地形面に存在し、亀裂の激しい表面を持つ（写真前方）

写真 11D　光沢を持った構造表面がバーティソルの特徴である

写真 12A　炭酸カルシウムと石膏が白い沈積物として下層に大量に見られるアリディソル。アメリカ・ニューメキシコ州で撮影

写真 12B　砂漠地域では少雨のために植物の成長と土壌有機物の蓄積の両方が制限される

写真 13A　モリソルは通常草原植生下で生成し、肥沃な農耕地となる。カザフスタン北部で撮影

写真 13B　モリソルの断面。黒色の A 層は、しばしば下層へ舌状に貫入する

写真 13C　スポドソルは、針葉樹林下で見られることが多い

写真 13D　スポドソルは、明瞭な A、E、B、C 層を持った最もはっきりした土壌の一つである

写真 14A　アルフィソルの溶脱した E 層が断面上部の灰色層として認められる

写真 14B　アルフィソルは、典型的には落葉樹林下に見られる

写真 15A　ルワンダのバナナ栽培を支えるアルティソル

写真 15B　アルティソルの層位が土壌断面で認められる

写真 15C　オキシソルは温暖湿潤な熱帯において安定な地形面に存在する。ケニアで撮影

写真 15D　オキシソルの層位ははっきりせず、鉄とアルミニウム酸化物が多く、深い赤色を示す

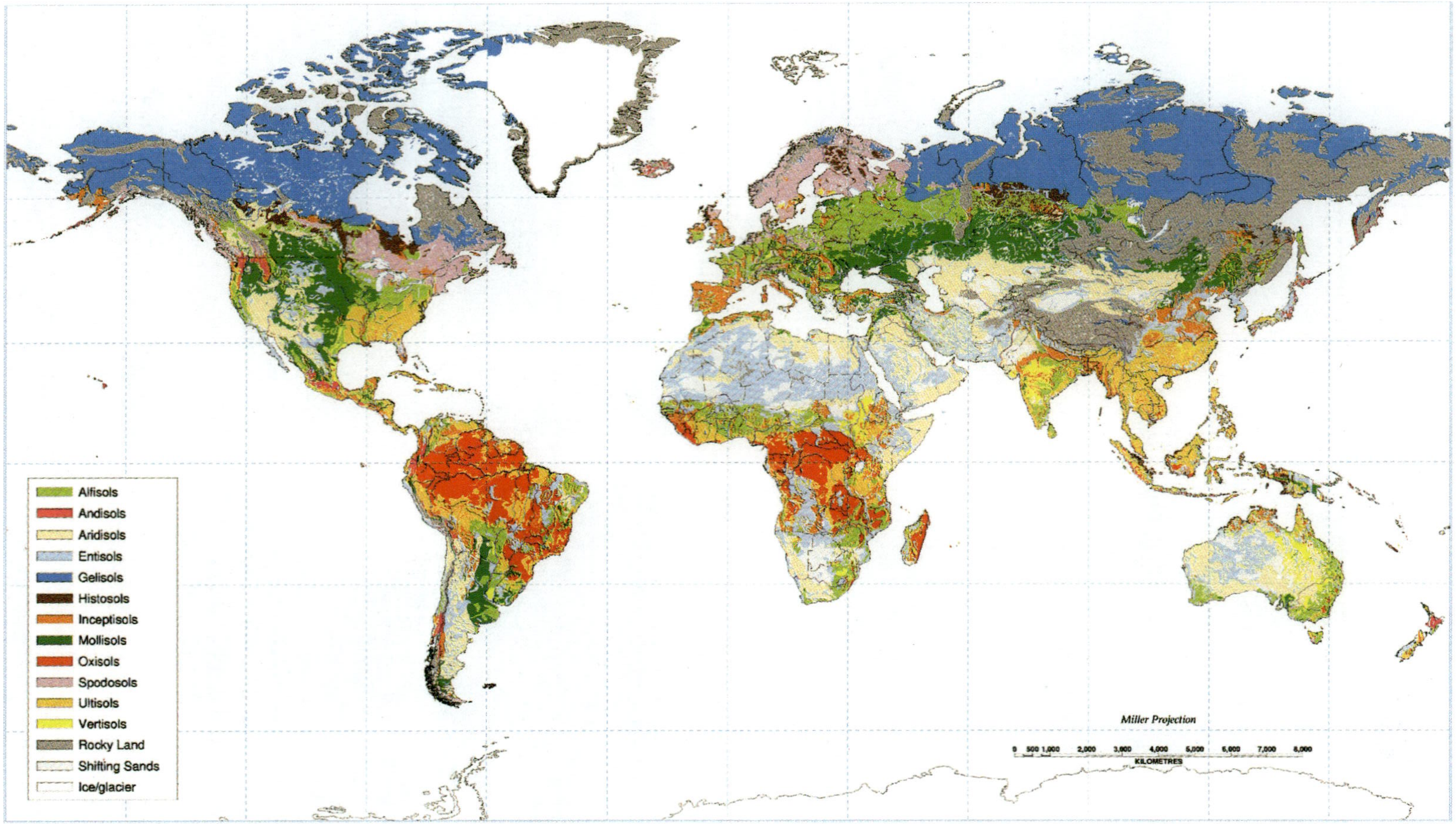

写真 16　世界での土壌の分布様式は、主に気候と母材を反映している
凡例（上から）アルフィソル、アンディソル、アリディソル、エンティソル、ジェリソル、ヒストソル、インセプティソル、モリソル、オキシソル、スポドソル、アルティソル、バーティソル、岩石地帯、移動砂丘、氷 / 氷河

表３　米国分類と FAO-UNESCO の分類体系の比較

米国分類の目とその語源	一般的な特徴	FAO-UNESCOの該当するグループ
アルフィソル（Alfisols） alf：意味なし	中程度溶脱した土壌；森林下で生成	Albeluvisols, Lixisols, Luvisols, Planosols
アンディソル（Andisols） ando：暗土（日本語）	火山から噴出した母材から生成	Andosols
アリディソル（Aridisols） aridus：乾燥（ラテン語）	乾燥地に見られる乾いた土壌	Calcisols, Durisols, Gypsisols, Solonchaks, Solonetz
エンティソル（Entisols） ent：意味なし（recentから）	若い土壌；断面の発達がほとんどない	Arenosols, Fluvisols, Leptosols, Regosols
ジェリソル（Gelisols） gelid：寒冷（ギリシャ語）	表面から1m以内が年中凍結	Cryosols
ヒストソル（Histosols） histos：組織（ギリシャ語）	有機質土壌	Histosols
インセプティソル（Inceptisols） inceptum：始め（ラテン語）	断面の初期の発達だけ見られる	Cambisols, Umbrisols
モリソル（Mollisols） mollis：柔らかい（ラテン語）	暗色で有機物に富んだ表層を持つ草原の土壌	Chernozems, Kastanozems, Phaeozems
オキシソル（Oxisols） oxide：酸化物（フランス語）	強風化した土壌；主に熱帯に見られる	Ferralsols, Plinthosols
スポドソル（Spodosols） spodos：木灰（ギリシャ語）	溶脱を受けた酸性の森林土壌；温帯地域に見られる	Podzols
アルティソル（Ultisols） ultimus：最後（ラテン語）	溶脱が激しく酸性；湿潤な熱帯・亜熱帯の森林下で生成	Acrisols, Alisols, Nitisols
バーティソル（Vertisols） verto：転換（ラテン語）	膨潤性粘土に富み、（乾湿によって）かき乱される土壌	Vertisols

FAO-UNESCO分類体系のGleysolsとAnthrosolsは、米国分類に直接該当する目がない（25ページ参照のこと）。

度環境が挙げられる。これらの性質は、特徴層位を定義する際にも用いられる。例えば、草原植生下で発達した土壌は、通常暗色で有機物に富み、養分の多い表層を持つ。このようなはっきりとした表層をもつすべての土壌は、モリソルという同じ目に分類される。また、森林植生下で生成した酸性な土壌は、有機物と鉄・アルミニウム酸化物を多量に含む B 層を持つことがある。この腐植と酸化物に富んだ B 層という特徴層位を持つ土壌は、スポドソルという目に分類されるだろう。残りの 10 種類の目も、それぞれ特有の特徴層位と特徴を有している。

表３は、米国分類の 12 目と FAO-UNESCO 分類の 30 グループの比較対照表で、簡単な説明も加えてある。米国分類のアンディソル、ジェリソル、ヒストソル、スポドソル、バーティソルは、FAO-UNESCO 分類の同等のものとよく一致している。他の目でも一致はよ

くないが、その目を特徴づける主要な性質は共通している。

FAO-UNESO 分類のグライソル（Gleysols）とアンスロソル（Anthrosols）は、米国分類のいずれの目とも直接は対応しない。グライソルは排水不良の土壌で、米国分類では目レベルでは区別されず、各目の下で排水不良のタイプとして分類されている。アンスロソルは、人間によって顕著に変化を受けた土壌で、米国分類では同等のものはない。

ほかにも数多くの分類体系が、オーストラリア、ベルギー、カナダ、フランス、ロシア、イギリスで開発・利用されている[5]。これらの分類体系は、主に各国のニーズを満たすようにつくられたもので、地球全体の土壌を包括的に記述するようにはなっていない。また、体系ごとに固有の命名法を持っているため、各国の体系で命名された土壌種をそれぞれ対応させるのが難しい場合もある。しかし、イギリスの分類体系において brown earth soil（排水性のよい通常褐色の土壌）と分類される土壌が米国分類のインセプティソルにほぼ相当し、同様に rendzina（石灰岩上に生成する浅層の土壌）と分類される土壌が主に米国分類のエンティソルに分類されるというようなことはいえる。 注5

米国分類

米国分類の各目の特徴と土地利用について述べる。まず、有機質土壌であるヒストソルからはじめ、次に無機質土壌について断面の発達程度の低いものから順に紹介する。

ヒストソル（Histosol）

ヒストソルは、主に有機物質からできており、湿性な環境下において、特に冷涼な地域を中心に見られる（写真 9A, 9B）。この土壌は保水能力が高いが、様々な養分が不足しがちである。ヒストソルに特有の性質は小さい仮比重であり、その値は無機質土壌の 10％程度に過ぎない場合もある。

ヒストソルは適正に管理すれば生産性の高い農地となるが、根域での適切な通気性を確保するためには、この泥炭土壌を部分的にあるいは完全に排水する必要がある。残念ながら排水によって多くの動植物の生息地であった湿地が失われることになる。また、排水は有機物の急速な分解を引き起こし、地球温暖化を促進する二酸化炭素を放出させる。さらに、この有機物の消失は、多くの土壌の損失をもたらし地盤を低下させる。これは、アメリカ・フロリダ州のエバーグレーズのような暖かい地域で特に顕著である。従って、ヒストソルを農地や林地として持続的に利用するには、排水を最小限にとどめることが肝要である。

訳者注５　日本では、ペドロジー学会から「日本の統一的土壌分類体系－第２次案（2002）－」（博友社）が公表されている。

エンティソル（Entisol）

エンティソルは、断面の発達がほとんど見られない未熟な無機質土壌である（写真 9D）。有機物がわずかに集積している場合には、A 層が弱く存在することもあるが、B 層は見当たらない。未発達である理由は、土壌が若いか、時間以外の土壌生成因子（母材・気候・生物・地形）が断面を発達させないかである。例えば、エンティソルには沖積成のような最近の堆積物から生成した土壌が含まれるが、これは土壌生成が進行するのに十分な時間が経っていないことが理由である。一方傾斜地で侵食速度が土壌生成速度と等しいときには、よく発達した土壌は生成できない（写真 9C）。砂漠のように非常に寒かったり乾いたりするような気候も土壌生成を阻害する。年中過湿な土壌でも、発達の程度は弱くエンティソルに分類される。

エンティソルは断面の発達は弱いが、その形態は非常に多様であり、農業生産性も千差万別である。例えば、チグリス・ユーフラテス川の氾濫原に生成したエンティソルは大変肥沃である。沖積土壌は、河川によって侵食・堆積した養分に富んだ表層からできている。しかし、エンティソルの大半は浅い土層、排水不良、水不足により生産性が低い。

インセプティソル（Inceptisol）

インセプティソルは、エンティソルよりも風化が進行している土壌であり、その断面もより発達している（写真 10A）。構造や色の変化を伴う B 層が存在するものの、粘土の断面下方への移動は見られない。

インセプティソルのもともとの肥沃度は様々であるが、少ない養分（例えば、有機物が少ない、極端に砂質）や過酷な気候（例えば、寒冷や乾燥）に生産性を制限されていることが多い。例えば、西アフリカのサヘル地域のインセプティソルは、しばしば干ばつにさらされる。この水分不足は、過放牧とあいまって土壌の生産性を著しく制限する。一方、とても肥沃なものもあり（写真 10B）、そのようなインセプティソルは世界の人口稠密地域における高収量作物の生産を支えている。その代表的な例として、インドのガンジス河の氾濫原や南アジアの稲作地帯が挙げられる。もともとの肥沃度が低いインセプティソルであっても、適正に管理すれば生産性をあげることも可能であろう。

アンディソル（Andisol）

アンディソルは、火山灰から生成した土壌であり、数千年程度の古さしかない。火山周辺に存在するのが一般的で、灰が十分な厚さ集積した風下の地域でも見られる（写真 10C, 10D）。エンティソルよりは発達しているが、火山灰という母材特有の性質を失うには至っていない。西インド諸島のモンセラット山は、最近噴火し新鮮な火山灰を堆積させたので、新しくアンディソルの地域が生まれるだろう。

アンディソルは、有機物を大量に蓄積し、養水分の保持能力が高く、世界で最も肥沃な土壌に数えられる。ただし、リンを強く固定することがよくあり、適正に管理されていない土壌ではリンの欠乏が発生する場合もある。また、傾斜の急な斜面に生成していることが多いので、侵食が起きないように予防することが必要である。

ジェリソル（Gelisol）

ジェリソルは、表層1m以内に永久凍土層が存在する土壌である。寒冷な気候下で生成するため、断面の発達はほとんどない。ジェリソルに特有の性質は、凍結かく乱と呼ばれる水の凍結と融解による土壌の物理的かく乱である。この作用は、現在のジェリソルだけでなく、過去の寒冷気候下で生成した土壌でも見られる。後者の場合、凍結かく乱作用の特徴である波打った土層が、過去の氷河期のなごりとして認められる（写真11B）。

ジェリソルの広がる地域に人間はあまり住んでいないが、短い夏の間に渡り鳥には営巣場所を、トナカイにはツンドラ植生を提供している。しかし、ジェリソルの永久凍土は、土木業者が道路や構造物を建設する際に大きな障害となる（写真11A）。

アリディソル（Aridisol）

アリディソルは、有機物が少なく淡色の表層を持つ砂漠地域の土壌である（写真12A）。炭酸カルシウムや石膏のような無機塩が断面上部から下部へ溶脱集積している場合もあるが、少雨のため土壌はほとんど発達していない。

アリディソルは、灌漑なしでは作物が生産できないほど乾燥した地域に見られる（写真12B）。灌漑はこの土壌の生産性を大いに向上させるが、植物にとって有害な塩やナトリウムを集積させないように注意深く管理しなければならない。アリディソルの多くは、例えばアメリカ西部の砂漠のように粗放な放牧には利用できるが、その結果もともと貧弱であった植生による被覆がさらに減少し、侵食を受けやすくなる。サハラ以南のアフリカのアリディソルの多くは、このような人為的な侵食によって荒廃してしまった。

バーティソル（Vertisol）

バーティソルは、膨潤性粘土を30％以上含み、従って乾燥と湿潤の期間に激しい収縮と膨潤が見られる土壌である。この収縮と膨潤という動きは、土壌構造の強度の弱い面で繰り返され、スリッケンサイド（鏡肌）と呼ばれる光沢をもった構造面を作り出す（写真11D）。バーティソルの断面は、しばしば層位分化がほとんど見られず、また有機物含量が低いにも関わらず暗色を呈することが多い。

バーティソルには膨潤性粘土が多量に存在しているため、耕作の困難な場合が多い（写真11C）。湿っているときには粘り気が強く、乾いたときには大変固くなるため、大面積を耕すときには強力なトラクターが必要である。この物理的な欠点はインド、スーダンで特に問題である。これらの国ではバーティソルが広がっているが、耕作に家畜しか利用できず効率が悪いのである。収縮膨潤という特性は、土木系の問題の原因ともなる。この土壌上に建設された高速道路、鉄道、建造物は、土壌の亀裂や変形が生じないように高価な処置を講じる必要がある。バーティソルはこのように利用上の問題が多くあるが、高い粘土含量のため大変肥沃であり、これをうまく利用すれば高い生産性が得られる。

モリソル（Mollisol）

モリソルは、草原植生下で発達する土壌であり、草本の張り巡らされた根によって有機物に富む表層土壌を作り出している（写真 13A, 13B）。湿潤な地域では、腐植に富んだA層の厚さは1mにも達する。モリソルの表層土壌は団粒構造を有しており、B層土壌は角塊状の好ましい構造となっている。高い有機物含量と好適な構造のおかげで、モリソルは世界で最も肥沃な土壌に数えられる。多くの作物、特に小麦の生産に広く利用され、世界の「パンかご」として重要な位置を占めている。1世紀以上前の北アメリカの平原で見られたように、この土壌を開墾すると、表層土壌から高収量をもたらすのに十分な量の養分が放出される。しかし、時折発生する干ばつがモリソルの生産性を制限する。さらにこの水分不足は、風食の危険性も増大させる。特にレス由来の土壌ではそうである。

アルフィソル（Alfisol）

アルフィソルは、主に温帯湿潤気候下の落葉樹林で生成する土壌である（写真 14A, 14B)。モリソルよりも湿潤な地域で生成するので、塩類やその他の可溶性成分の溶脱がより進んでいる。アルフィソルは、粘土が集積しているB層の存在が特徴である。この粘土集積が十分に進んでいると、B層の上にE層が見られたり、B層の構造表面に光沢のある粘土皮膜が認められたりする。

アルフィソルは、高い養分含量と好適な土性を示し、また好適な気候下で生成するので、多くの作物や広葉樹の生産に有用である。これまでの歴史を通じて、繁栄した国々の多くがその食料と衣料の生産をアルフィソルに頼ってきた。しかし、この土壌は、有機物に富んだ表層が失われると、風食と水食を受けやすくなる。また、粘土に富んだB層への水の浸透が悪いため、降雨の多い時期には地面が水浸しになる場合もある。

スポドソル（Spodosol）

スポドソルは、主に冷涼湿潤気候下の針葉樹林で生成する土壌である（写真 13C, 13D)。この土壌は、その母材が砂質で酸性であるため、水の浸透がよく、また強く溶脱を受けたE層を発達させる。その下にあるB層は、断面上部から溶脱してきた腐植と酸化物に富んでいる。白いE層と黒色や赤褐色のB層を合わせ持つスポドソルは、米国分類の中で最も明瞭な層位を持った土壌目の一つである。

スポドソルは肥沃度や保水能が低いため、農業利用には不適である。一年生の作物を栽培するには大量の肥料や石灰が必要となりコストがかかる。そのため、スポドソルの分布する地域は、自然植生を残しているところが多く、せいぜい林業に利用される程度である。

アルティソル（Ultisol）

アルティソルは、熱帯・亜熱帯気候下の森林やサバンナ植生で長い年月をかけて生成した風化の進んだ土壌である（写真 15A）。長期間の激しい溶脱のため、粘土に富んだ B 層を持つ酸性土壌となっている。この B 層はカオリナイトを主要な成分とし、加えて少量の鉄酸化物、モンモリロナイト、微小な雲母も含んでいる。アルティソルの断面は、鉄酸化物の集積を反映して、通常、黄色や赤色を呈している（写真 15B）。

アルティソルでは、激しい風化によって、養分の多くが根の伸張できる深さよりも下に溶脱してしまっている。しかし、肥料や石灰を添加することで、アルフィソルやモリソルに匹敵するまで肥沃度をあげることができる。また、アルティソルの多くは、十分な水分と長い生育期間を有する地域に分布している。従って、アルティソルは適正な管理によって世界で最も生産性の高い土壌となり得る。

オキシソル（Oxisol）

オキシソルは、最も風化の進んだ土壌で、典型的には湿潤熱帯の古く安定した地形面に存在する（写真 15C）。風化抵抗性の最も高い鉱物である鉄やアルミニウムの酸化物、カオリナイト、石英だけからできている。10 m以上の深さをもつが、層位分化ははっきりしない。ヘマタイトに富むため、深い赤色を呈する（写真 15D）。

オキシソルが開墾耕作されると、その生産性はきわめて高い。温暖で湿潤な気候のために有機物がすばやく分解され、養分が放出されるからである。しかし、いったん有機物の大半が分解され消失すると、風化の進んだ鉱物は十分な量の養分を放出できないため、土壌の養分レベルは急激に低下する。その結果、自然植生が取り除かれたあとに適正に管理されないと、オキシソルはあっという間に不毛になる。おそらくオキシソルの最も適正な利用法は、熱帯雨林の維持のほか、各種木本作物の生産であろう。適正な管理と十分な施肥、特にリンの添加によって、バナナやコーヒー、パイナップルなどの生産が可能である。

各土壌の分布

ここで述べる各土壌目の分布面積は、地球の陸上のうち氷で覆われていない地域に占める割合である。この地域のうち、土壌がないとみなされる岩石や移動砂丘の分布している地域が約 13%を占めているので、土壌は残りの 87%の地域を分け合っている。

米国分類の全 12 目のなかで一番広く分布しているのは、エンティソルであり、16%に達する。エンティソルは、地球上の様々な気候下に存在しているが、分布面積の大きい地域はサハラ砂漠、オーストラリア中央部、イランとパキスタンの高地である（写真 16）。アリディソルは、エンティソルについで分布面積が大きく、12%である。アリディソルの最も広がる地域は、オーストラリア南部、中国ゴビ砂漠、アメリカ合衆国西部とアルゼンチン南部の砂漠である。

アルフィソルとインセプティソルはそれぞれ10%の面積を有する。アルフィソルは冷涼湿潤気候下に見られ、主な分布域はバルト海沿岸諸国、ロシア西部である。一方インセプティソルは、多くの気候帯、すべての大陸で見られ、山岳地域では優占する土壌である。ジェリソル（9%）は、主に極北地域に分布するが、それよりも南の地域でも高標高地帯に一部見られる。ジェリソルの生産性は、永久凍土だけでなく短い生育期間によっても制限されている。

オキシソル（8%）は、主に熱帯、特に風化条件の最も厳しいブラジルとアフリカ中央部に見られる。アルティソル（8%）も、温暖湿潤な低緯度地域に見られ、オキシソルに付随することもしばしばである。モリソルは7%と少しだけ面積が小さい。肥沃度が高く農業に適しているため、耕作されずに残っているモリソルはほとんどない。ウクライナ、ロシア、カザフスタン、北アメリカの内陸平原に大きく広がっている。

スポドソルに分類される地域は3%だけだが、ヨーロッパ北部と北アメリカ北東部の重要な針葉樹林を支える土壌である。しかし、肥沃度が低いために集約的な農業にはほとんど利用されていない。バーティソルも2%と面積は限られているが、オーストラリア、インド、スーダンでは重要である。特にインドのバーティソルは、世界で最も稠密な人口を支える作物の生産に利用されているという点で重要である。

ヒストソル（1%）は、主にフィンランド、カナダ北部といった湿潤冷涼な地域に見られる。面積としては小さいが、環境的に重要な湿地生態系の多くにとって不可欠である。また、アンディソルは1%以下で最も面積が小さいが、日本、チリ、メキシコでは重要である。アンディソルは環太平洋の人口稠密地域での集約的農業を可能にしており、面積の小ささはその重要性を損ねるものではない。

第３章　土壌生物

Soil Biology

土壌は生物で満ちており、世界の多様な生物の大部分にとっての生存の場となっている。1 kg の肥沃な表層土には、10 億の菌類、100 億の放線菌と 5000 億以上の細菌が生息可能であり、より大きな土壌動物でさえも 5 億以上の個体がいることがある。土壌中の生物は数が多いだけでなく、おそらく他のいかなる生態系よりも大きな多様性を持っている。例えば、アマゾンの熱帯雨林においては、森そのものの中よりも多くの種がその土壌中に存在していると、多くの科学者は信じている。

土壌は世界の種多様性の重要な源である。この種多様性は、健康な土壌に機能的多様性－多くの異なるエネルギー源を用いて様々な反応を行う土壌の能力－を与えている。この機能的多様性のおかげで、土壌は機能的重複性－どの生化学的反応も 1 つ以上の種によって行われうるという土壌の特性－を備えている。この機能的重複性は、土壌に復元力と安定性の両方を与えるという点で重要である。土壌がかなりの撹乱の後に本来の機能を迅速に回復するとき、その土壌は復元力があると言う。一方安定性は、進行中の環境撹乱が存在するとしても、土壌有機物の分解や養分の循環などの本質的な機能を継続できる土壌の能力を言う。これらの理由により、土壌中の生物の数や多様性がしばしば土壌の質の診断的指標として用いられている。

生物とその機能

土壌生物は、動物、植物、菌類、微生物から成る。これら全ては、複雑なエネルギーのネットワークや食物網として知られる養分の移動を通じて相互に作用している。この食物網の中の生物は、主要な食物源によって大きく分類されている。生きている植物を直接食する生物は草食動物として知られており、一次消費者である。一次消費者を食する寄生者や捕食者は二次消費者として知られている（例えば原生生物や線虫など）。二次消費者を食する生物は三次消費者として知られている（例えばアリやクモなど）。その他にも死んだ生物（有機物）を食する生物は分解者として知られている。しかし、これら食物網の中の相互作用は複雑であり、これら四者の間の区分は必ずしも明確でない。

図14　ミミズは穴を作り有機物残渣を分解することで土壌構造を発達させる

図15　シロアリの塚は熱帯や亜熱帯の多くの景観における際立った特徴である

土壌動物

ミミズ、シロアリ、アリ、甲虫、ホリネズミなどの体幅が1mmより大きい土壌動物は、大型土壌動物として知られている。それら大型土壌動物のうちでミミズは土壌の質を向上させる上で恐らく最も重要な生物群である（図14）。ミミズは毎日自分の体重のほぼ10倍もの量の土壌を摂取しながら土壌をくまなく掘っていくので、通気性と排水性の両方を改善する、入り組んだ長大な孔隙ネットワークが形成される。ミミズに摂取された土壌はやがては養分に富んだ糞として排出される。これらの糞はしばしば穴の中に落とされ、そこに植物の根もよく伸びてくるため、養分の受け渡しを促進する。世界では、体長が1mmから1mにまで及ぶ、数千種類ものミミズが同定されている。ミミズは湿潤でしかし排水性のよい有機物に富んだ土壌に最も多く生息するため、モリソルなどの有機物に富む土壌において最もよく見られる。

シロアリは、主に熱帯や亜熱帯地域に生息し、ミミズと同等のあるいは恐らくより大きな規模で土壌の特性に影響を与える。シロアリは土壌を下層から集めて表層に運び、土壌表面から高さ5m以上にも達する、中に孔隙のある大きな塚を作る（図15）。これらの塚を作るには、地下に塚から10 m以上にも拡がるしっかりした粗孔隙のネットワークをも構築することとなる。塚が取り除かれても、これら孔隙の経路は残り、それがなければ土壌表面にたまってしまう水分を迅速に排水させてくれる。

他の重要な大型動物には、アリや甲虫、そしてホリネズミなどの脊椎動物が含まれる。アリは主要な三次消費者であり、シロアリのように巣を作る際に多量の土壌を運搬することもあるため重要である。フンコロガシは、養分に富んだ動物の糞の玉を浅い次表層の孔隙経路に蓄えることにより養分循環に影響を与える（図16）。ホリネズミのような穴を掘る動物は土壌を通気させまた撹乱する。これら動物の活動は、ある層位に他の層位の土壌

図 16　フンコロガシは動物の糞の玉を移動し貯蔵するため養分循環に影響を与える

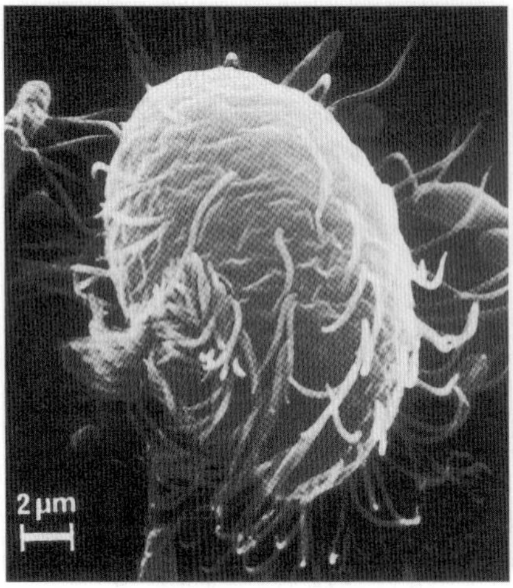

図 17　この繊毛虫 *Colpoda steinii* はこれまで 1000 種以上知られている土壌の原生動物のほんの一種である

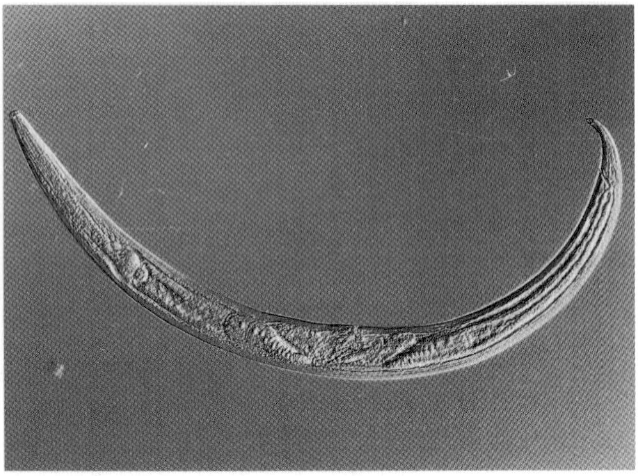

図 18　線虫は、植物、動物、菌類、細菌などを食べる

が詰まったクロトヴィナと呼ばれる穴の存在によりしばしば明らかになる。

原生動物や線虫のような体長が 1mm 未満の動物は、小型土壌動物として知られている。原生動物は、細菌や菌類や他の微生物を捕食する単細胞生物であり、形態的には多様である。千種類以上の原生動物が土壌から同定されており、これらは水中での移動法によってアメーバ・繊毛虫・鞭毛虫の３つに分けられている。アメーバは偽足を用いて動き、繊毛虫は毛のような繊毛を動かし（図 17)、鞭毛虫は鞭毛と呼ばれる長いむちのような付属器官を用いて動く。これら原生動物が土壌生態系に影響する主要な手段は、微生物の個体数を制御して様々な養分循環を変化させることである。土壌に生息する原生動物はまれにしか植物の病害を引き起こさないが、水生の原生動物はクリプトスポリジウム症やアメーバ赤痢などの人に関わる重大な病気を引き起こす。

線虫は、ほとんど全ての土壌に生息する微小な虫である（図 18)。線虫の多くは細菌や菌類を食べることで生きているが、より有害な種は植物根に寄生して養分を得るため、他の病原菌の侵入を容易にする。トウモロコシや大豆、テンサイは線虫の寄生を特に受けやすい。しかし､カノーラやマリーゴールドは線虫の個体数を抑制する根分泌物を生産する。

植物

ほとんどの生きている植物根は大型植物（> 1mm）に分類されるが、最も微小な細根は小型植物（< 1mm）にみなされるかもしれない。植物一個体が、土壌表層１m以内に総延長 600km 以上にも及ぶ根を張ることがある。根は土壌養分の可給度を高める多くの物質を分泌して、地上部の生育を促進したり、周りの微生物の生育環境を変化させたりする。これら微生物もまた、根の周りの化学的生物的環境に影響を与える。この根とその分泌物によって大きく変化を受ける根のごく近傍の領域は、根圏と呼ばれている。

小型植物の重要な一員である藻類は、湿った土壌の表面でしばしば観察される光合成生物である。藻類は有機物の分解者としては重要ではないが、土壌に多量の窒素や土壌構造の形成を促進する多糖類を与えることがある。

菌類

菌類は､単細胞生物である多様な酵母菌や､多細胞の糸状菌やきのこ類（図 19）を含む。

図 19　*Amanita* 属の子実体。この糸状菌は植物根と共生している

糸状菌は菌糸と呼ばれる長く分枝した細胞鎖から成る。これら菌糸は絡まり合って、落葉落枝の中でしばしば細く白い繊維のように見られるひも状の菌糸束となる。この菌が腐りかけのパンやチーズにしばしば発生するのを見たことがあるだろう。このように、糸状菌は、樹皮や落葉落枝、腐朽しつつある動物遺体から食べ物に至るまで、ほとんど全ての形態の有機物を効率的に分解する。いくつかの糸状菌はまた植物根と極めて重要な共生関係を築き、「菌の根」という意味の菌根を形成する。菌根により植物にもたらされる多くの利点のために（例えば養分の可給度を高めるなど）、これら関係はほとんど全ての土壌で生じる。菌根の利点とは対照的に、芝生にきのこが生えることは多くの園芸家には困ったことである。これら菌類の子実体は、地下の菌糸が開拓していない土壌へ生育していくにつれて、しばしば目障りでどんどん広がる菌輪（妖精の輪）を形成する。

微生物

細菌は、全ての土壌生物の中で最も数が多く多様である。その機能も多様であり、土壌中で生じるほぼ全ての代謝過程に関与している。細菌が介在する特に重要な反応は、窒素の形態変化である。この必須元素は、適切な形態で存在しないと、植物に有害であったり土壌層位から簡単に溶脱したりする。土壌細菌はまた、アルファルファ、いんげん豆、えんどう豆などの豆科植物と相互利益的な（すなわち共生的な）関係を築くため重要である。これら植物には、*Rhizobium* 属の細菌が大気中の窒素を固定する特殊な根粒を形成する。植物は固定された窒素を獲得することができ、一方根粒菌はエネルギー源として様々な炭水化物を植物から受け取る。

放線菌は、細菌と菌類の両方に関連し、放射状に分枝した繊維状構造という形態を示す。放線菌は有機物を分解することにより生きており、従って有機物に富んだ土壌やコンポストの中に最も多く見られる。放線菌は、セルロースなど難分解性の有機物を効率的に分解するだけでなく、多くの重要な抗生物質を生産するために重要である。1950 年代以来、500 以上の抗生物質が放線菌から単離されてきた。これらのうち最も重要なのはアクチノマイシンとストレプトマイシンである。放線菌はまた、庭の土を掘った時にしばしば遭遇する芳醇な土の香りを作り出しているジオスミンと総称される多様な物質も生産している。

土壌微生物の有効利用

　土壌生物は、抗生物質を生産し、汚染土壌を浄化し、また土壌肥沃度を維持する点で重要である。微生物の他の有用な利用として、草食性昆虫の生物防御のための*Bacillus thuringiensis*（Bt）の利用が挙げられる。この自然にいる細菌は、樹木や作物を食べる害虫の幼虫に摂取されると腸に回復不能な損傷を与え、従って効果的にその数を抑制できる毒性物質を生産する。このBt毒性物質が培養細菌から大量に単離されて、樹木や作物に散布するための様々な薬品に加えられ、農家の被害を軽減してきた。

　分子生物学の最近の進歩により、この農薬がより特効薬的に利用されるようになった。例えば、Bt毒性物質を作る遺伝子が*B. thuringiensis*から単離され、様々な植物の根圏に多く存在する別の細菌に導入された。トウモロコシのような病害を受けやすい植物の種子や根は、害虫に対する防御として、この遺伝子操作された細菌の接種を受けることができる。もちろん、そのような遺伝子操作の利点は、潜在的な危険性と合わせて考慮しなければならない。遺伝子操作を行った微生物を導入することは、その生物が予想もつかないような形で土壌生態系を変化させるかもしれないので、危険な要素がないわけではない。従って、いかなる新しい生物であれ、現場に導入される前に徹底的な試験を行うことが賢明である。

図20　細菌は最も多様でどこにでもいる土壌生物である

第 4 章　土壌肥沃度

Soil Fertility

植物は、生存し生育するために、水と光、熱、養分を必要とする。植物生育は、これらの要素が適正な量と割合で与えられた時に、最大となる。土壌肥沃度学は、植物養分の供給および可給度を最適化することに関わる土壌学の一分野である。肥沃度が植物の生育に直結していることから、この分野は土壌学に含まれる全ての分野の中で、作物の収量や庭の草木の生育を良くするための土壌肥沃度の向上方法に最も直接的に関わっている。

基礎

いくつかの概念が土壌肥沃度学の基礎を成しており、土壌養分の実際的な管理に関して意思決定を行う際には必ず考慮されねばならない。例えば、無機肥料あるいは有機肥料を用いることの利点と欠点は何であろうか。また、植物生育を最適化するには、土壌の養分状態はどのように調節されるべきであろうか。以下に述べる土壌肥沃度の基礎原理は、小麦、バラ、パイナップル、トマト、セコイヤあるいは他のいかなる植物を栽培するのであれ、土壌と植物の全ての組み合わせに対して当てはまる。

必須元素

18 種の元素が植物生育には必須である[6]（表 4）。通常の植物生育と生殖が起こるためには、これら元素の全てが十分量植物に利用できなければならない。必須元素のうち、9 元素は比較的多量に植物に必要とされるので多量必須元素と呼ばれている。残りの 9 元素はずっと少量だけ必要とされるので、微量必須元素として知られている。いくつかの他の元素も植物に吸収されうるが、それらは植物生育に必須ではないと考えられている。 注 6

表4　植物生育に必須な元素

多量必須元素	微量必須元素
炭素（C）	鉄（Fe）
水素（H）	マンガン（Mn）
酸素（O）	ホウ素（B）
窒素（N）	亜鉛（Zn）
リン（P）	銅（Cu）
カリウム（K）	塩素（Cl）
硫黄（S）	モリブデン（Mo）
カルシウム（Ca）	コバルト（Co）
マグネシウム（Mg）	ニッケル（Ni）

訳者注 6　コバルトは有用元素であり、必須元素は 17 種類であるという考え方が一般的である。（有用元素とは、必須性はないものの、特定の植物や特殊な環境下で、植物の生育に有利に働く元素のことである。）

植物は、炭素、水素、酸素を空気と水から得るが、その他の元素は土壌の鉱物や有機物から獲得しなければならない。微量必須元素の欠乏はまれである。というのも、ほとんどの土壌が通常の植物生育に必要な僅かな量は供給できるためである。しかし、多量必須元素はずっと多量に必要とされるため、しばしば欠乏が生じる。従って、土壌肥沃度の大部分は、土壌固相に由来する多量必須元素－窒素、リン、カリウム、硫黄、カルシウム、マグネシウム－に関わっている。

養分の全量と可給態量

もしも土壌のリンの総量（全リン含量）と植物に利用可能な量（可給態リン含量）の両者を分析すれば、土壌の全リン含量のごく一部のみが可給態であることが明らかとなるであろう。この一般則は、他の養分元素についても当てはまる。どうしてそうなのだろうか。そしてこのことは土壌で生育する植物にとってどんな意味を持つのだろうか。

植物の根は土壌粒子全体を分解して養分を得ることはできない。これら土壌粒子中の養分元素が植物根や土壌微生物によって吸収されるためには、土壌水にまず溶出しなければならない。従って、土壌溶液中のこれら養分元素は可給態であると言われる（図21）。土壌溶液中の養分量は、通常土壌中の全養分量の1％未満であるが、その濃度は、植物による吸収や溶脱による損失などにより、比較的短期間に大きく変動しやすい。

溶液中の養分は、荷電を持った形－陽イオンあるいは陰イオン－として存在するので、土壌鉱物や有機物の電荷を帯びた表面に保持される。例えば、粘土鉱物の負に帯電した表面は、多量のカリウム陽イオン

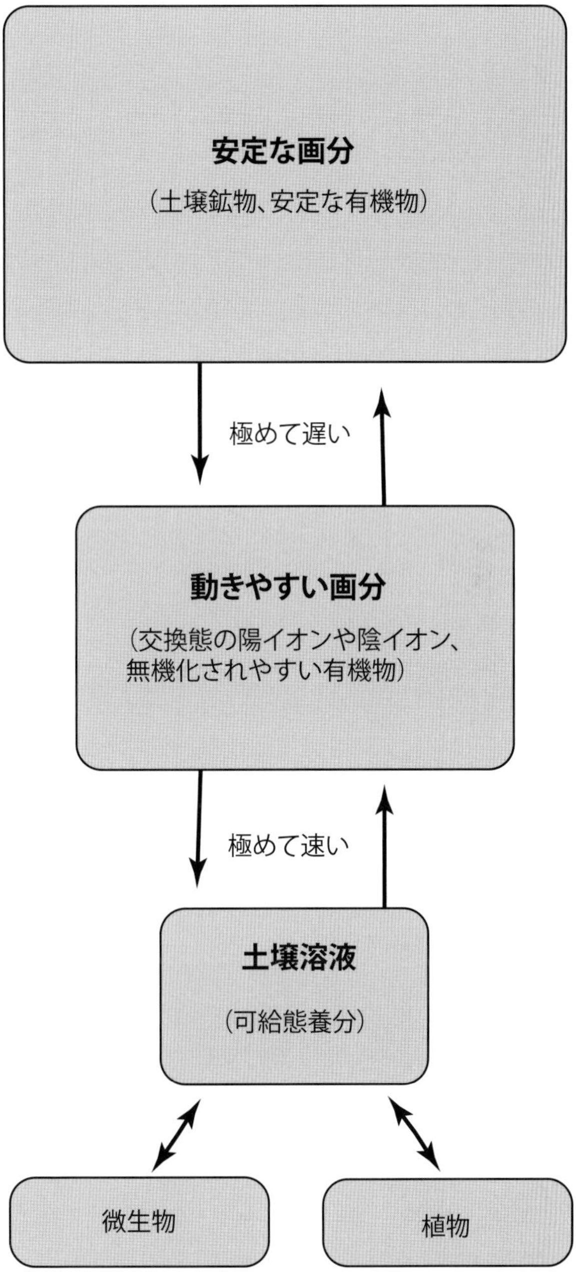

図21　3つの養分に関する画分の組成と関係を示す模式図
＊訳者注：動きやすい画分も可給態である

を結合できる。実際、鉱物の表面には土壌溶液中の10倍以上のカリウムが保持され得る。陽イオン交換として知られる非常に重要な反応において、溶液中の様々な陽イオンは土壌鉱物や有機物の表面に保持されている養分陽イオン（例えばカリウム）と交換され、その結果土壌溶液に養分が補給される。固相表面にそのように弱く保持されている養分は交換態と呼ばれ、土壌の固相と液相の間を速く移動することができるので、土壌養分の動きやすい画分を構成している。極めて可溶性の鉱物や極めて分解されやすい有機物の中に存在する養分もまた、動きやすい画分に属すると考えられている。動きやすい画分中の交換態の養分は、土壌溶液中に容易に移動しうるため可給態であるとみなされている。

土壌養分のうちおよそ90%は植物に利用できない。なぜならば、それらは土壌鉱物（例：長石や雲母）あるいは有機物の中に閉じ込められているからである。これら養分は土壌の安定な画分を構成しており、鉱物の風化や安定な有機物の分解によって長時間をかけて放出される（図21）。従って、安定な画分は必須元素の長期的な蓄えとみなすことができる。

農業園芸市において、良心的でないあるいはあまり知識のない販売員は、主に長石や雲母からなる粉末状の物質を養分に富む肥料であるとして売ることがある。これら物質は確かに高い全養分含量を持つが、その養分のほとんどは植物に利用できない形であり、従って養分源としてはほとんど役に立たない。生育する植物にとっては、可給態養分の量のみが重要である。

養分吸収

土壌養分は、植物の介在する複雑なプロセスによって、土壌溶液から植物根へ入る。この吸収を維持するためには、根の表面での連続的な養分供給が必要である。活発な根のまわりでは養分が枯渇するので、これら養分は同時に作用する3つの主要な機構によって補われる。第1に、養分は単純な拡散によって、高濃度の部分（例えば鉱物表面の近く）から根近傍の低濃度の部分へ移動することができる（図22）。第2に、養分はマスフローとして知られるプロセスによって根の表面へ運ばれる。すなわち、根が水分を吸収するにつれて、こ

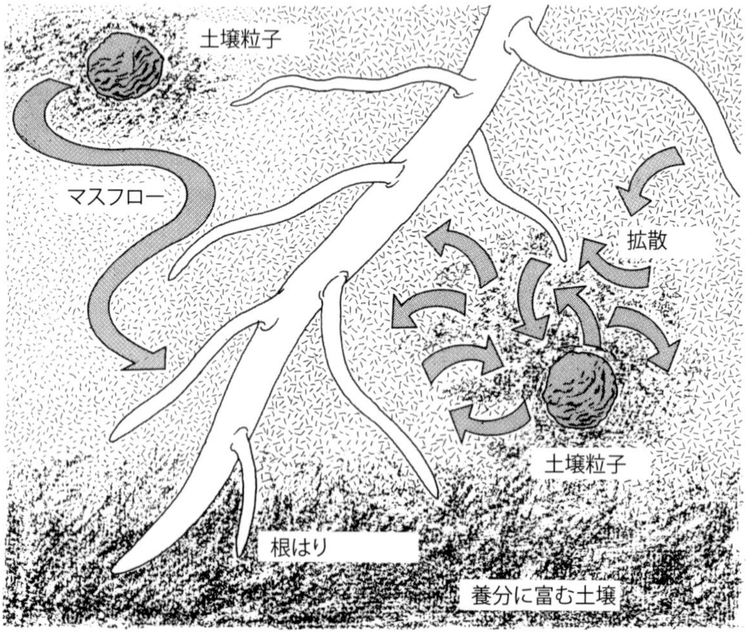

図22　土壌養分は根の表面で3つの主要な機構によって補給される

の水に溶存する養分もまた根の方へ運ばれる。これは、河川によって運ばれる堆積物と同様である。第 3 に、根は養分の枯渇していない養分に富む土壌に伸びることによって、根表面付近の養分濃度を高めることができる（根はり）。植物の根による効率的な養分吸収は、養分の可給度のみならず、適当な湿度や根の伸び易さなどの要因にも依存する。従って、たとえ可給態養分が十分に存在しても、非常に乾燥した土壌や非常に固い土壌では、植物は養分を吸収しにくい。

土壌の pH

電子を失った水素原子はプロトンと呼ばれ、土壌に酸性の性質を与える。土壌の pH はこの酸性度の指標である。pH のスケールは、酸性の最も強い 0 から最も弱い 14 まで幅があるが、それは対数表記であるため pH が 1 変化することはプロトン濃度が 10 倍変化することを意味する（図 23）。例えば、pH6 の土壌は、pH7 の土壌の 10 倍の酸性度を持つ。

土壌に関する全ての化学特性のうちで、pH は最も重要であり、養分の可給度から土壌微生物の機能さらには多くの汚染物質の消長にいたる様々な土壌特性に影響を与えている。pH が 5 未満の土壌はしばしば、可溶性のアルミニウムを植物に毒性を示すほど多量に含む。このような土壌には、pH を上昇させアルミニウムの毒性を低下させるために、通常石灰が施用される。しかし、ツツジやシャクナゲなど鉄を多量に要求する植物は、鉄の可給度が極めて高い酸性の土壌条件をしばしば好む。もしもこれらの植物が pH の高い土壌で育てられると、鉄欠乏の症状が見られるかもしれない。

pH が 9 より高い土壌は、通常土壌構造に悪影響を与えるほど多量のナトリウムを含む。その上、これら高 pH の土壌で育った植物は、微量元素の欠乏を示すかもしれない。土壌

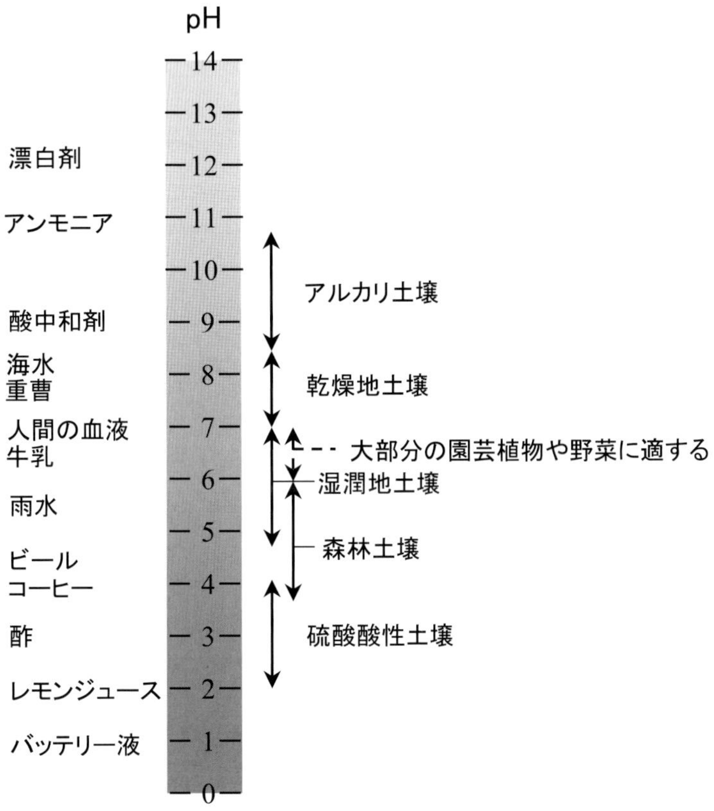

図 23　土壌 pH は大きく変化する
一般的な物質の pH を比較のために記す

pHの影響は、土壌pHによって花の色の変わるアジサイ（*Hydrangea macrophylla*）の種や品種で劇的に見られる（写真17A, 17B）。一般に、6から7の土壌pHが、全体として養分の可給度を最適化できる最高の条件となる（図24）。

多くの土壌のpHは、人間活動の結果、変化してきた。例えば、アンモニアを含む肥料の施用によって、多くの表層土壌のpHは低下してきた。また、車や工場から放出される窒素や硫黄の酸化物は、大気中で水と結合して強酸性となり、地球上に酸性雨として降下している。これらpH変化を抑える土壌の能力は緩衝能と呼ばれており、土壌中の石灰含量や陽イオン交換容量とともに増加する。

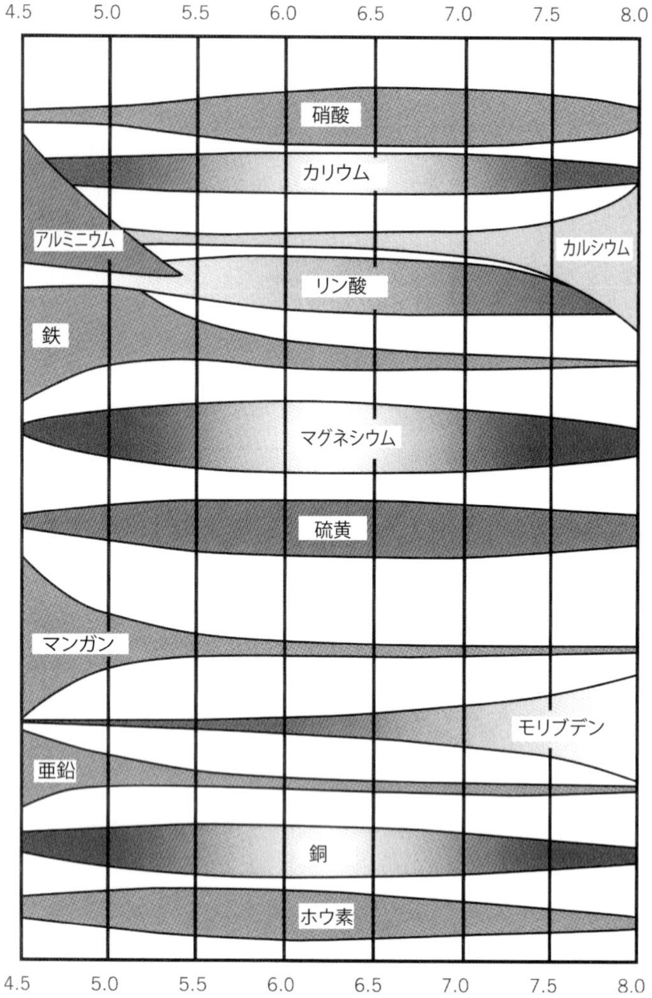

図24　土壌養分の可給度とpHの関係

陽イオン交換容量

陽イオン交換容量（Cation exchange capacity: CEC）とは、土壌に吸着され得る交換性陽イオンの総量のことであり、土壌の養分保持能と考えることもできる。陽イオン交換容量は、主に粘土鉱物と有機物に由来する。有機物は、同じ重さの粘土画分のおよそ4倍の陽イオン交換容量を持っているため、特に重要である。通常、有機物に富む粘土質の土壌が、最も高い陽イオン交換容量と肥沃度を持つ。多くの庭土もまた、主にその高い有機物含量のために、高い陽イオン交換容量を持つ。オキシソルのように多量の鉄やアルミニウムの酸化物を含む土壌は、pHに極めて依存した陽イオン交換容量を持っており、その値は高pHで最も高くなる。

養分欠乏と毒性

もしも1つの養分を除き全ての養分が植物生育に十分な量存在するとすれば、植物の

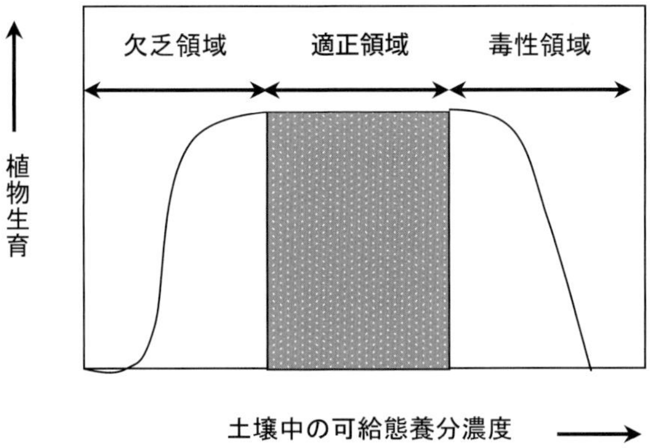

図 25　植物生育は土壌の可給態養分濃度が適正な範囲内にある時に最高となる

発達はその不足している養分が許す範囲を超えることはない（写真 17C）。従って、このように植物生育を制限する養分は、制限養分あるいは制限因子と呼ばれている。しかし、制限因子が養分であるとは限らない。植物生育は、養分だけでなく、水や光や熱の不足によっても制限される。制限となっていない要因を向上させることは、植物生育を向上させることにはほとんど寄与しない。例えば、バラの生育がホウ素欠乏により制限されているならば、窒素や水や他のいかなる非制限因子を加えることも、植物の健康を向上させることにはほとんど寄与しない。

制限養分の濃度が増加すると、植物生育はそれに応じて向上する（図 25）。その養分が植物生育に最適な濃度となると、適正領域に達して、この養分をさらに加えても植物生産は増加しないことになる。もしも可給態養分の濃度が十分な範囲を超えると、植物は過剰量の養分を吸収し、毒性症状が見られるかもしれない。毒性は植物の生育を抑制し、極端な場合死に至らしめる。養分の毒性は大半が微量必須元素に限られる。多量必須元素の毒性は、極めて高濃度であってもめったに見られない。

窒素

窒素は、生体組織の構造単位であるタンパク質や、光合成に不可欠な分子であるクロロフィル、さらには全ての生物の遺伝情報を含む核酸など、多くの重要な生体分子の基本的な構成成分である。窒素は、適量存在すれば、根ならびに地上部組織の生育を促進し、葉を深緑色にする。その重要性にも関わらず、窒素は最もしばしば植物生育の制限因子となる。窒素欠乏の植物は通常小さく、茎はひょろ長く、葉はクロロシスとして知られる薄緑色や黄色になることが多い（写真 18A, 18C）。

窒素は、植物生産のみならず、多くの生態系の健全性にも重要な役割を持つ。例えば、窒素は土壌中では非常に可動性が高く地下水へ溶脱されやすい硝酸イオン（NO_3^-）として存在しうる。硝酸イオンは、飲料水中に高濃度で存在すれば人間の健康に対する脅威と

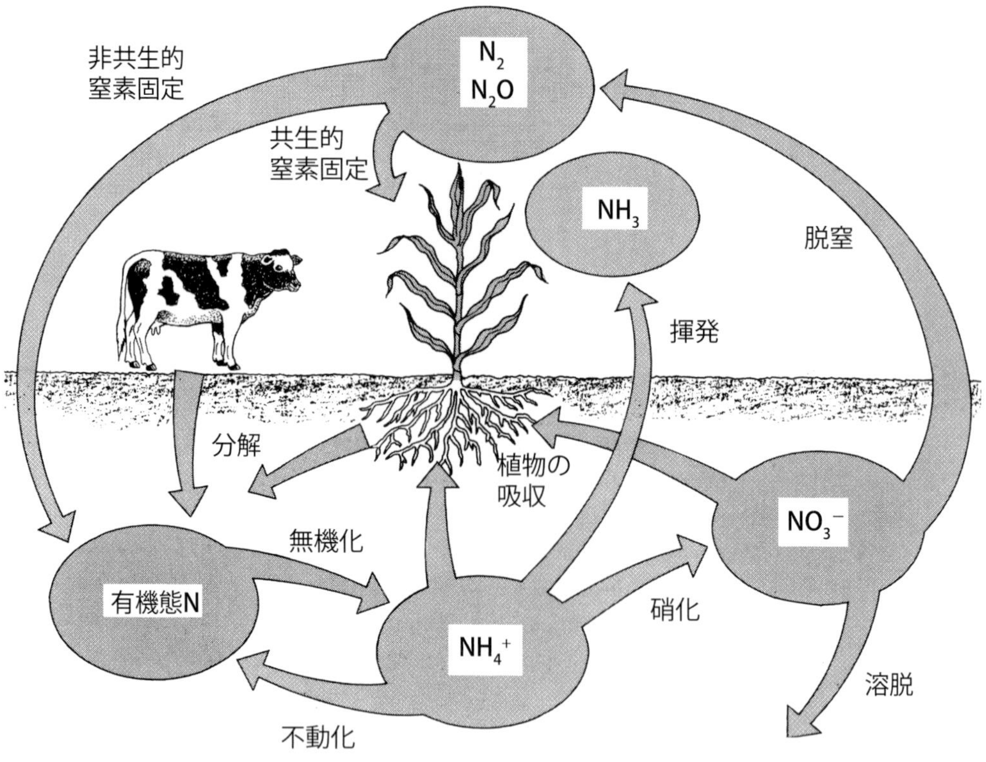

図 26　窒素循環。主要な窒素プールと形態変化を示す

なる。また、窒素はオゾン層の破壊に関わる亜酸化窒素（N_2O）ガスとして土壌から放出されるかもしれない。植物生産と生態系の健全性に及ぼす土壌窒素の多大な影響力を考えると、この元素にはさらなる注意を払う必要がある。

窒素循環

無機化－土壌窒素の大部分は、分解の遅い有機物の中に含まれているため植物に利用できない（図 26）。微生物がこの有機物を攻撃すると、窒素は無機化という過程によって無機態のアンモニウムイオン（NH_4^+）として溶液中に放出される。アンモニウムイオンは、帯電した鉱物表面に保持されたり、植物に吸収されたり、あるいはアンモニアガス（NH_3）に形態変化して大気中へ失われたりする。温帯では、土壌中の全有機態窒素のわずか 1 から 4％しか毎年無機化されないが、これは自然植生を支えるには十分である。この無機化とは逆向きの有機化という過程では、微生物は NH_4^+ を自分の組織に取り込んで植物に利用できる窒素の量を減少させる。

硝酸化成（硝化）－硝酸化成は細菌（硝化菌）によるアンモニウムイオンから硝酸イオンへの形態変化をいう。この形態変化は亜硝酸イオン（NO_2^-）という、短時間しか存在しないが植物や動物に毒性を持つ中間産物を介して進む。そのように生成された硝酸イオンは植物に吸収されたり溶脱により土壌から失われたりする。硝酸イオンの溶脱は、この貴重な養分を土壌から失わせるだけでなく、地下水汚染を引き起こす可能性もあるので面倒である。過剰な硝酸イオンの溶脱に伴う問題のため、硝酸化成を抑制する様々な合成化合物が作られてきた。これら化合物は、硝化菌の活性を抑制することによって植物に利用できる窒素の大部分を可動性のずっと小さなアンモニウムイオンに留める働きをする。

脱窒－窒素が土壌から失われるのは硝酸イオンの溶脱によるだけではない。脱窒として知られる、硝酸イオンから N_2O や N_2 などの様々なガスへの形態変化によっても土壌から窒素が失われる。通気性の悪い条件では、ある種の細菌が硝酸イオンをこれらのガスに形態変化させ、そのガスは大気中へと失われる。従って、脱窒による損失は水田や自然湿地や他の湛水した土壌において最大となる（写真 18B)。比較的排水性のよい土壌においても、団粒内部には脱窒の好適条件である嫌気的な部位が存在しうる。脱窒による窒素の損失は速やかに起こり、その量も多い。推定によれば、肥料に由来する全ての窒素の 10 から 20％は脱窒により失われている。

窒素固定－大気中の窒素ガス（N_2）は、土壌微生物に取り込まれ、植物に利用できる形態に変化を受けることがある。この微生物は共生的に（すなわち植物と共同して）あるいは非共生的に N_2 を固定する。窒素固定の大部分は共生的に行われる。興味深いことに、マメ科植物と根粒菌（*Rhizobium*）との共生的窒素固定は、マメ科植物の窒素要求量のほぼ 80％に及ぶ N_2 を固定する場合がある。従って、緑肥の施用として知られる、マメ科植物全体を緑のまま土壌に戻すという管理によって、土壌に多量の窒素を添加することができる。

動物や植物の体内にある窒素原子は、無数の化学的生物的反応によって循環しているため、いずれも短期間しか留まらない。自分の体内に存在する窒素が、これまで何度も大気や土壌有機物や腐植の成分であったと認識することは、我々に様々なことを考えさせてくれる。

リン

リンは細胞膜が通常に機能するために不可欠であり、核酸ならびにほぼ全ての代謝過程の燃料となるアデノシン三リン酸（ATP）の重要な成分である。植物におけるリンの欠乏は、開花の抑制・種子品質の低下・植物の成熟遅延などを引き起こすが、必ずしも判別しやすいとは言えない（写真 19A, B)。

窒素と異なり、土壌中のリンは気体状や毒性を示す状態では存在しない。しかし、窒素と同様に、リンは生態系の健全性と植物生産の両者にとって重要である。例えば、可給態リンの不足は、植生の被覆率を下げて土壌侵食の危険性を高める。逆に、可給態リンが過

いい物もありすぎると―富栄養化

動物の飼育場やリン施肥を行った土壌で発生する表面流去水や侵食によって運ばれる堆積物には、しばしば多量のリンが含まれている。この水や堆積物は、リンが植物生育の制限となっている河川にしばしば集積する。これらリンが制限となっている系にリンが加えられることは富栄養化として知られており、藻類や他の植物の急速な生育ひいては藻類の大発生を引き起こす（写真 19C）。このような藻類の大発生は、*Pfiesteria* のようなある種の藻類が猛毒を生産するので問題である。また、多量のバイオマスが最終的に分解される時、水中の溶存酸素のほとんどが消費される。その結果生じる無酸素状態は多くの魚や水生生物を死滅させ、従って生態系の健全性を損なうこととなる。富栄養化は、土壌侵食を抑制し、従って養分に富んだ水や堆積物の土壌からの損失を最小化するような土壌管理手法を取り入れることにより、抑制することが可能である。

剰に存在すると、富栄養化として知られる湖沼や河川の水質劣化につながる（囲い記事参照）。考古学者もまた土壌のリンに関心を持っている。なぜなら土壌断面内においてこの元素が富化していることが、人間あるいは他の動物のリンに富んだ骨の残骸が存在することを示す場合もあるからである。

土壌リンの給源

有機態画分中にほぼ全量がみられる土壌窒素とは対照的に、土壌リンは有機態画分と無機態画分におよそ同量分布している。有機態の土壌リンは、微生物により合成されたかあるいは植物や動物の遺体に由来する、多様な有機分子中に存在する。有機態画分中に保持されているリンは、窒素の可給度を増加させるのと同様の方法で、無機化によって植物に利用される形となる。

pH の高い土壌では、無機態リンは極めて難溶性のリン酸カルシウム鉱物であるアパタイトとして主に存在している。アパタイトの溶解度は pH が低下するにつれて大幅に高くなる。その結果、この鉱物は強く風化を受けた酸性土壌にはほとんど見られない。これら酸性土壌では、リンは鉄およびアルミニウムと極めて難溶性の鉱物をつくる。

リンの可給度と吸収

リンは、植物によって吸収される前には、溶液中でリン酸イオン（$H_2PO_4^-$, HPO_4^{2-}）としてあるいはまれに可溶性の有機物として存在している。有機態および無機態リンの両者とも極めて溶解度が低いため、これら可給態画分の欠乏は、たとえ多量の土壌全リンが存在していてもしばしば起こる。

堆肥や無機態肥料を施用することにより可給態リンを増加させる努力が常に報われると

は限らない。これら比較的可溶な給源から放出されるリンは急速に不溶性の形態に変化するか、あるいは鉄およびアルミニウムの酸化物に強く固定される。そのため、これら改良材に含まれるリンのわずか 10%しか施用後の栽培期間に植物に利用できないこともしばしばである。比較的裕福な農民によって一般に行われている管理法は、作物によって持ち出されるよりも多い量のリンを毎年施用するというものである。土壌のリン固定能が満たされれば、その後は可給態リンをかなり増加させることができる。

多くの発展途上国における強風化土壌でのリンの管理は、その地域に固有の問題を提起している。これら土壌は、鉄およびアルミニウムの酸化物含量が高いため、極めて高いリン固定能を持つ。さらに、これら地域の農民は、より富裕な農民と違い、多量のリンを施用する財源を持つことはほとんどない。その結果、これら強風化土壌では、無機態画分の大部分は風化により断面から失われてしまっているために、有機態画分が可給態リンの最も重要な給源となりうる。従って、有機態画分の慎重な管理が、適切な可給態リンを維持するためには最も大切となる。

全ての土壌において、リンの可給度は菌根菌によって増加しうる。多くの植物の根とある種の菌類とのこれら共生的連携は、(i) 根の表面積を増加させることにより、(ii) リン含有鉱物の溶解度を高める有機酸を放出することにより、(iii) リンに富んだ有機物の無機化を促進する酵素を生産することにより、リンの植物による吸収を大幅に増加させる。

カリウム

カリウムは、窒素とリンに次いで最も植物生育に制限となりやすい養分である。カリウムは、とりわけ多くの重要な酵素の主要な構成成分であるために、植物の必須元素である。カリウムはまた、水分利用効率の最適化のために不可欠であり、植物の耐乾性に大きく寄与する。この元素はさらに花の発色を促進し、多くの果物や野菜の食味や歯ごたえをよくする。バナナやジャガイモは特に高いカリウム要求性を持つ。

カリウムの欠乏は一般にリンの欠乏よりも見つけやすい。カリウムが不足すると葉の端がまずクロロシスの症状を示し、その後最終的にはネクロシスと呼ばれる壊死に至る（写真 20A-D)。これら症状は、カリウムが植物の若い組織に移送されるので、古い葉で最も顕著に表れる。土壌のカリウムの過剰は、この元素が毒性を持たずまた富栄養化のような環境問題を生じさせないため、あまり重要ではない。

土壌カリウムの給源

土壌カリウムは、ほとんど全てが雲母と長石を主とする無機成分に由来する。これら鉱物が風化を受けるにつれて、カリウムは鉱物の骨格構造からゆっくりと放出され、植物に利用できる形態となる。これら鉱物からは、作物要求量を何十年何百年と満たすのに十分なカリウムがしばしば放出される。例えば、カナダのプレーリーに存在するモリソルの大部分はカリウムに富む母材から発達してきた。その結果、この中程度に風化を受けた土壌は、カリウムの施肥なしでほぼ一世紀間高い生産性を維持してきた。一方、アルティソルやオキシソルのような強風化土壌は、雲母や長石が土壌断面からほとんど失われているので、カリウムの施肥を通常必要とする。

カリウムは有機物中にも存在する。しかし、窒素やリンと異なり、カリウムは生体組織の主要な構成要素ではない。むしろ、多くのカリウムは可溶性の陽イオン（K^+）として細胞中に存在し、微生物による分解がなくとも組織から急速に失われ得る。従って、有機物残渣は、それが新鮮な時だけ、かなりの量のカリウムを含んでいる。

カリウムの可給度と固定

カリウムが植物根に吸収されるには、土壌溶液中に正に帯電した陽イオン（K^+）として存在する必要がある。K^+ が植物によって土壌溶液から取り除かれると、土壌鉱物や有機物の表面から出てくる交換態 K^+ によって補われる。この溶液中の K^+ は、交換態 K^+ とともに、「易可給態」カリウムを構成している。易可給態カリウムは土壌の全カリウム含量の 2%にも満たないが、植物の生存はこの小さいが利用可能な養分画分に懸かっている。ほとんど有機物を含まない砂質土壌のような、陽イオン交換容量が極めて小さな土壌は、土壌溶液の K^+ 濃度を適切なレベルに維持することが難しい場合がある。

バーミキュライトやイライトのような層状ケイ酸塩鉱物は、層状構造の中に K^+ を結合し、もはや植物に容易に利用できない状態にする。この現象はカリウムの固定として知られ、乾湿あるいは凍結融解の繰り返しによって促進される。このように固定された K^+ はもはや土壌溶液中に容易に出てこないのだが、それは緩慢に供給されるカリウムとして極めて重要な給源である。土壌中の全カリウムのおよそ 95%が植物に利用できない。このカリウムは、主に雲母と長石という土壌鉱物中に閉じ込められている。

カリウムの循環

土壌の表層がカリウム不足になると、深根性の植物（例えば樹木や多くの草本）が、下層から土壌表面へ植物組織を介してカリウムを移送する養分ポンプとして働く。地面にたまった葉やその他の植物残渣は、そのカリウムをすみやかに溶出し土壌に賦与する。土壌中でのカリウムの循環は、主にこの養分ポンプ機能と、土壌の陽イオン交換容量、鉱物の風化速度によって支配されている。

硫黄

硫黄は、多くのアミノ酸やビタミンに必須の構成成分である。玉ねぎやある種のキャベツなどに特有の味や匂いを与える化合物も、その多くが硫黄を含む。これら植物は、トウモロコシ、綿、ソルガムと同様、高い硫黄含量を持ち、それゆえ高い硫黄要求性を示す。

硫黄欠乏によって、植物はひょろ長く、生育も緩慢になり、新葉からクロロシスが現れるようになる（写真 21A, B）。硫黄欠乏は、有機物に乏しい砂質土壌や熱帯の強風化土壌あるいは大気の給源からの硫黄の添加が少ない場所で、最もよく見られる。

硫黄の給源

土壌中の硫黄には 3 つの主要な給源がある。すなわち、有機物、鉱物そして大気のガスや微細粒子である。ほとんどの土壌では、硫黄の大部分は有機態画分中に存在する。この有機物の微生物による無機化によって、植物に容易に吸収される硫酸イオン（SO_4^{2-}）が土壌溶液中に放出される。硫黄はまた主に亜硫酸塩や硫酸塩である土壌鉱物にも存在する。硫酸塩（例えば石膏：$CaSO_4$）はしばしば乾燥地域の土壌に多くみられる。これら土壌の有機物に乏しい下層においては、硫酸塩が植物に対する可給態硫黄の大部分を占める。

また、かなりの量の硫黄が、大気からの降下物を通じても土壌に添加されうる。火山の噴火や工場からの排出あるいは植生の燃焼によって、様々な形態と量の硫黄が大気へ放出される。この大気中の硫黄は、次いで降水や降下物として地上へ降下する。植物は、葉からの吸収により直接的にあるいは根からの吸収により間接的に、大気の硫黄を獲得する。北アメリカ東部の多くの土壌は、特に工業地帯の風下では、大気からの降下によりかなりの量の硫黄が添加される。そのため、この地域の土壌はほとんど硫黄欠乏を示さない。

硫黄と土壌酸性

硫黄は必須元素であるものの、土壌酸性の原因にもなる。例えば、大気中の様々な含硫ガスが水と結合して硫酸（H_2SO_4）を生じ、それが地上に酸性雨として降ることがある。ちなみに含窒素ガスも水と反応して硝酸（HNO_3）となり、酸性雨の原因となり得る。さらに、ある種の鉱物は酸化を受けてさらなる酸性化を生じさせるような形態の硫黄を含む。例えば、パイライト（FeS_2、黄鉄鉱）に含まれる硫黄はすぐに酸化されて H_2SO_4 となり、硫酸酸性土壌をもたらす可能性がある。これら土壌は比較的最近排水された海岸地域に通常発達し、そこでは H_2SO_4 の蓄積によって土壌 pH が 2 未満となり得る。

カルシウムとマグネシウム

カルシウム欠乏はまれである。多くの鉱物が、容易に溶解して、植物に吸収される形態であるカルシウム陽イオン（Ca^{2+}）を放出するからである。多くの土壌において、カルシウムは最も多く存在する交換性陽イオンである。しかし、非常に砂質な土壌や強く溶脱された酸性土壌で育つ植物には、カルシウム欠乏が見られるかもしれない（写真 21C）。とりわけ落花生は、高いカルシウム要求性を持つため、砂質土壌あるいは風化の進んだ土壌でカルシウム欠乏になりやすい。

マグネシウムは陽イオン（Mg^{2+}）として植物に吸収される。Mg^{2+} は非常に重要な光吸

植物栄養におけるホウ素

ホウ素は、最もしばしば不足する微量必須元素のひとつである。ホウ素欠乏に最も敏感な作物には、セロリー、テンサイ、りんご、トマト、ぶどうなどがある。ホウ素欠乏は花や果実の品質を低下させる（写真 23B）。例えばホウ素欠乏のりんごやトマトは、うろこ状の皮を発達させ、その内部組織はしばしばコルク状となる。ホウ素欠乏のぶどうは小さく低品質である。セロリーでは、ホウ素欠乏はひびの入った茎を生む。

四ホウ酸ナトリウム（ホウ砂）は、ホウ素欠乏を緩和するために最も一般的に施用される化合物である。今日、様々なホウ砂製品がりんごやトマト、ぶどうのような収益性の高い多くの作物に定期的に施用されている。作物に施用されるホウ素の量は厳密に制御されねばならない。なぜならば、ホウ素（や他の微量必須元素）の毒性も欠乏も生じない濃度範囲は狭いからである。

収色素であるクロロフィルの正常な機能発現に必要である。この養分が土壌中に不足していれば（写真 22A-C）、可溶性で易可給態のマグネシウム源として硫酸マグネシウム（$MgSO_4$）が施用される。

微量必須元素

表 4 に示されている 9 種の微量必須元素は、多量必須元素と同様に植物生育には不可欠であるが、それらは少量だけ要求される。微量必須元素の主要な機能は、塩素を除いては、酵素の活性化である。従って、これら必須元素を十分に与えないと、重要な代謝経路に混乱が生じる。

微量必須元素は植物の古い組織から新しい組織へ簡単には移送されない。その結果、微量必須元素の可給度が不十分であると、新しい葉や花といった最も若い植物組織がとりわけ顕著な欠乏症状を示す（写真 23A-C）。

微量必須元素の給源と可給度

微量必須元素の起源はまずは土壌鉱物の風化である。これら元素が一旦土壌溶液へ放出されると、植物によって吸収されるか有機物や鉱物の表面に吸着されるかあるいは土壌断面から溶脱される。溶液中で陽イオンとして存在する微量必須元素（すなわち、鉄、銅、マンガン、亜鉛、ニッケル、コバルト）は、可溶性の有機分子と結合してキレートとして知られる特殊な結合物質を形成する。これらキレートは陽イオンを溶液中に維持し、従って微量必須元素の可給度を増加させる。キレート形成に必要とされる有機分子は、通常腐植や植物根に由来するが、微量必須元素の可給度を高めるために合成添加物として加えられる場合もある。

有機質土壌、砂質土壌あるいは強く溶脱を受けた土壌は、通常、微量必須元素の全含量が低い。これら土壌は、無機肥料あるいは動物の堆厩肥の形で微量必須元素を施用することで改良できるだろう。微量必須元素の全含量が適度である土壌においては、pH がそれらの可給度を決定する最も重要な特性である。酸性条件では、鉄、銅、マンガン、亜鉛、ニッケル、コバルトは土壌溶液中に多量に存在する。もしも pH が十分に低ければ、これら金属が、いくつかの植物に毒性を示す濃度で溶液中に存在するかもしれない。一方、pH の上昇は、これら元素の溶解度および可給度を低下させる。この結果、アリディソルや乾燥地域のその他の多くの土壌のような高い pH を持つ土壌は、微量必須元素の欠乏を示すかもしれない。モリブデンは、他の微量必須元素とは対照的に、pH が上昇するにつれてより可溶となり可給度も高くなる。

微量必須元素の可給度を最適化する際には、pH が極端に高くなったり低くなったりすることを避けねばならない。一般に、pH が 6 から 7 の中粒質土壌は、正常な植物生育に必要な全ての微量必須元素を供給できる。

土壌肥沃度診断

「不十分な情報に基づいて推理することのいかに危険なことか」

シャーロック・ホームズ

植物生育の抑制は、土壌の不適切な養分状態だけでなく、土壌の圧密化や通気性の悪さ、水分や光の不足、病虫害などの他の要因によっても引き起こされる。クロロシスや果実の品質の低さなど、養分欠乏の可視症状は、欠乏しているかもしれない養分を同定するのに役立つ最初の手がかりを与える。しかし詳しい施肥設計診断を行う時には、土壌養分の可給度に関するより定量的な測定がしばしば必要となる。従って、様々な土壌肥沃度診断法が土壌の可給態養分のレベルを評価するために工夫されてきた。

土壌試料の採取

土壌試料の採取は、土壌分析において最初でまた恐らく最も重要なステップである。試料は興味のある区域の代表的なものでなければならない。例えば、もしも菜園から土壌試料を採取する場合には、存在するであろう空間的なばらつきを抑えるために、幾つかの試料を取って混ぜ合わせるべきである。また、菜園と花壇と芝生の土壌は、これら 3 つの場所がそれぞれ異なる養分要求性を持つため、別々に採取されるべきである。

土壌養分の吸収や無機化、またその循環を支配する他の要因にはいずれも季節変動があるため、養分の可給度に関する診断は土壌試料の採取時期によって大きく異なる結果を与えるかもしれない。一般に、試料採取に最も適した時期は、植栽にできるだけ近い時期で

図 27　土壌と抽出溶液はある適当な時間混和された後にろ過される。その後、得られた溶液に溶解している養分が、様々な実験手法によって測定される

あると考えられている。試料を採取する深さは通常約 20cm であるが、ある種の土壌窒素の診断では深さ 90cm に及ぶ試料採取が必要なこともある。

土壌診断

土壌診断とは、可給態養分の量を測定するために考案された化学分析のことである。これを行うことは容易ではない。これまで見てきたように、植物は養分吸収を向上させるために菌根をはじめとする様々な戦略を取り入れている。これら生物的な戦略を真似て可給態養分を迅速にかつ確実に測定できるのが、良い土壌診断である。

典型的な土壌診断では、少量の土壌を希酸や塩溶液あるいはキレート剤と一定時間混和し、その後抽出液中に溶出した養分を測定する（図 30）。リン、カリウム、カルシウム、マグネシウムに関する土壌診断法は開発が重ねられ、それらは幅広い土壌のタイプや気候条件に対して一般に信頼できる。可給態の窒素と硫黄に関する土壌診断法も開発されてきたが、これら養分の形態変化に多くの生物的要因が関与するために、これら診断の信頼性は必ずしも満足できるものではない。可給態の微量必須元素は、一般に様々なキレート剤で抽出される。

各地域の園芸協会は概ね、的確な土壌診断を行う試験所を推薦してくれる。そのような試験所では、現在の養分レベル、予測される養分要求量、土壌の土性や pH といった他の要因を考慮に入れて施肥設計を行ってくれるだろう。

肥料（土壌改良資材）

人類の人口増加は、土壌の養分資源に対する需要を増加させてきた。例えば、この増え続ける人口を養うために高収量作物を栽培し収穫することは、多量の養分を土壌から取り除き、その大半をその土壌に還元せずに収奪してきた。庭で育てられた果物や野菜も同様に土壌へ戻される以上の養分を土壌から奪っている。同じく、刈り取られた芝生やその他の庭からの廃棄物も養分を含むが、それらは通常ゴミ箱や埋立地に行き着く。土壌からのそのような養分損失は、いつまでも続けられるものではない。

前述した土壌診断は、植物生育を最適化するために幾つかの特定の養分を添加することを推奨している。これら養分は、有機あるいは無機肥料のような外部の給源を加えることにより、あるいは単に土壌管理法を改善することにより得られるだろう。養分を富化する後者の方法は、しばしば最も望ましくまた経済的である。例えば、土壌肥沃度は土壌へ還元される作物残渣の量を増加させることによって高めることができる。この方法は、かなりの量の空中窒素を固定できる、えんどう豆、クローバー、アルファルファなどのマメ科植物において特に効果的である。

ある圃場で栽培する作物の種類を毎年変更することは、土壌肥沃度を高め得る。この作物を輪作することの養分的な利点は、各年の植物によって残渣の種類や養分要求性さらには根系発達パターンが異なることに由来する。作物の輪作は、病害や雑草や他の害虫などの循環を断ち切る点でも有利である。しかし、管理手法だけでは高収量作物の要求に見合うだけの養分を供給できないこともしばしばである。このような場合、外部の給源からの養分が加えられねばならない。

無機肥料（化成肥料）

前世紀における世界の食料生産の増加は、無機肥料の利用の拡大によるところが大きい。土壌に施用される最も一般的な養分は、窒素、リン、カリウムである。

窒素－無機窒素肥料は、大気中の窒素を捕捉してアンモニアガスを生産するというエネルギー的に費用のかかる手法で生産されている。このガスは加圧されて無水アンモニアという液体にされ土壌に施用される。他の多くの窒素肥料は、液体であれ固体であれ、このアンモニアから作られる。これら全ての無機肥料は植物にすぐに利用できる形態の窒素を放出する。最も一般的な窒素肥料を表 5 に示す。

表5　いくつかの一般的な土壌改良資材の養分含量

	重量%					
無機肥料	N	P	K	S	Ca	Mg
無水アンモニア	82					
尿素	46					
硫酸アンモニア	21			24		
リン酸一水素二アンモニウム	18	20				
塩化カリウム			50			
石灰石					36	
有機肥料						
家禽糞堆肥	7	2	2	1	2	2
豚糞堆肥	3	1	1	1	2	1
牛糞堆肥	4	1	3	1	1	1
下水汚泥	5	2	1	1	2	1
コンポスト	2	1	1	1	3	1

*乾物重量あたりの平均値、組成は変化しうる

リンとカリウム－リンとカリウムの肥料は古来の鉱物鉱床に由来する。リンはリン灰石として採掘され、様々な酸で処理されて可溶性のリンを含む肥料となる。カリウムは、カリ鉱床から、主に塩化カリウム（KCl）として抽出され、その後精製されて肥料として用いられる。世界最大の埋蔵物の塩化カリウムが、現在カナダのサスカチュワンで採掘されている。リン酸一水素二アンモニウムと塩化カリウムが最も一般的に施用されているリンとカリウムの肥料である（表 5）。

石灰施用－低 pH の土壌は、多くの望ましくない性質を持つ。5 未満の pH では、土壌はアルミニウムやマンガンそして時には鉄による毒性を受ける。これら酸性土壌は一般にカルシウムやマグネシウム、モリブデンの欠乏を示す。また、微生物の活性も低下するため、窒素やリンの無機化速度が減少する。さらに、安定した土壌団粒の形成に必要な有機物質が十分に生産されないため、低 pH での微生物活性の低下は土壌構造にも悪影響を与える。

土壌 pH は、様々な酸中和能をもつ化合物からなる石灰を施用することにより上昇する。農業上用いられる石灰の多くは、粉砕された石灰岩すなわち炭酸カルシウム（$CaCO_3$）から成る。石灰岩をより細かく砕くほど、それは土壌とより迅速に反応して土壌 pH を上昇させる。必要とされる石灰の量は、用いられる石灰の種類、pH 上昇の要求度、土壌の緩衝能に応じて異なる。土壌の緩衝能は有機物や粘土の量とともに増加する。植物吸収や溶脱によるカルシウムの損失のため、特に湿潤地域では望ましい pH を維持するためには石灰を繰り返し施用する必要がある。

肥料の等級－肥料の養分含量は、肥料の等級を構成する 3 つの数値で示される（図 28）。例えば、16-8-24 という等級を持つ肥料があるとする。これらの数値は、この肥料が乾物重量あたりで 16%の窒素（N として）、8%のリン（P_2O_5 として）、24%のカリウム（K_2O として）

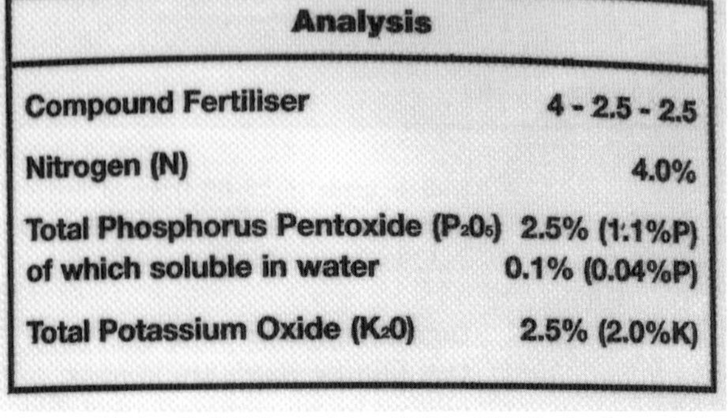
Analysis
Compound Fertiliser 4 - 2.5 - 2.5
Nitrogen (N) 4.0%
Total Phosphorus Pentoxide (P2O5) 2.5% (1.1%P)
of which soluble in water 0.1% (0.04%P)
Total Potassium Oxide (K2O) 2.5% (2.0%K)

図 28　肥料の典型的なラベル。肥料の等級およびリンとカリウムの元素パーセントが表示されている

を含むことを示している。リンとカリウムの含量を P_2O_5、K_2O として表記するのは、なかなか改善されない不幸な慣習である。リンとカリウムを元素パーセントで表示したがらない一つの理由は、肥料がより低い等級であるように見えるからである。例えば、全て元素のパーセントで表記すると、この 16-8-24 という肥料は、16-3-20 となる。

かなりの量の硫黄を含む肥料には、4 つの数値の等級が割り当てられる。4 番目の数値は、しばしばかっこで括られるが、硫黄の元素パーセントを表す。従って、16-20-0（14）という等級を持つ肥料は、14%の硫黄元素、16％の窒素元素、20%の P_2O_5 を含む。

有機肥料（有機改良資材）

無機肥料が植物養分の主要な供給源となったのは比較的最近のことである。農業の歴史の大部分においては、有機改良資材が作物生産のための植物養分の主な外部資源であり続けてきた。例えば、古文書によれば、堆肥施用はおよそ三千年前のギリシアにおける一般的な農業管理法であった。今日でも、有機改良資材は資源に乏しい発展途上国において作物生産のために不可欠な養分源となっている。さらに、世界各地の園芸愛好家は、できの良い堆肥の施用による園芸的な有益性を経験から学んできた（74 ページのコラム）。

家畜糞堆肥－家畜糞堆肥の固相および液相画分はいずれも重要な養分の給源である（写真 24B）。しかし、ほとんど全てのリンは貴重な有機物質とともに固相画分に存在する。堆肥の養分含量は、動物の種類や餌の質また堆肥が施用前にどのように貯蔵されたかによって大きく異なる。ほとんどの堆肥は、窒素に加え、リン、カリウム、かなりの量の微量元素を供給する。しかし、堆肥によっては多量の可溶性塩類を含むため、そのような堆肥を塩類化しやすい土壌へ施用する際には慎重な利用が望まれる。

下水汚泥－下水処理の間に除去される固形物は下水汚泥として知られている。下水汚泥は、堆肥と同様に植物養分の重要な給源である。下水汚泥の養分含量は堆肥の養分含量に匹敵し、一般により多くの微量養分を含む。ほとんどの下水汚泥は、懸濁液（スラリー）としてあるいは輸送コストを下げるためにある程度乾燥させた固形物として、土壌に施用される。巨大都市で産出される下水汚泥を利用する際の大きな問題は、都市近郊にこの改良資材を受け入れるだけの十分に広い土地を見つけることである。もうひとつ十分に配慮すべき点は、下水汚泥の重金属が、土壌に集積して人に害を及ぼすほど多量に含まれていないことを保証することである。

有機肥料と無機肥料の比較

無機肥料は有機肥料に対していくつかの利点がある。第一に、単位重量あたりでは、無機肥料は有機肥料よりはるかに多くの養分を供給する。例えば、10-5-10 という等級の無機肥料 100kg は、平均的な組成の堆肥 2 トンと同じ量の窒素、リン、カリウムを与える。また、堆肥の重量の大部分は水であるため、輸送コストは有機改良資材の方がかなり高い。

堆肥化—役立たぬものから役立つものへ

堆肥化とは、土壌の外で微生物を介して有機物を分解し腐植様物質を生産することを指す。この過程は、堆肥化がずっと急速でかなりの熱を出すことを除けば、土壌中で生じる過程と同様である。堆肥化はいくつかの利点がある：(i) 養分元素が濃縮される、(ii) ほとんどの雑草と病原性生物が死滅する、(iii) 多くの毒性有機化合物が分解される、(iv) 安定した有機物が生成される。最終産物である堆肥は、ポットの培地や緩効性の有機肥料あるいは土壌改良剤として用いられる。

堆肥は、刈り草、落葉、家庭ごみ、おがくず、さらには家庭菜園や花壇からの植物残渣など様々な物質から作られる。これら異なる物質に含まれる炭素と窒素の比（C/N 比）はかなり様々である。例えば、おがくずの C/N 比は 400:1 程度なのに対し、窒素に極めて富む廃棄物（例えば堆厩肥）の C/N 比は 10:1 にまで低下する。堆肥化の初期物質としては、全体の C/N 比が 30:1 より低いことが望ましい。この比にするためには、窒素に富む廃棄物を混合したり、少量の窒素肥料を添加したりする必要があるかもしれない。

堆肥化の過程で、微生物が有機物を分解するにつれて CO_2 が放出される（図 29）。これら有機物分解に関わる微生物を堆肥化に先立って確実かつ十分に存在させるためには、もとの堆肥の山に少量の庭土を加えるとよい。堆肥化の期間における炭素の損失によって、最終産物の C/N 比は 15:1 あたりとなる。

堆肥の山は常に湿潤で通気性がよくなければならない（写真 24A）。堆肥の山は適切な湿度でなければならず、ずぶぬれではいけない。堆肥の山を定期的に切り返すことによって、微生物の活性を最大にするのに十分な通気性が確保される。適正な堆肥化における活発な微生物活動は、堆肥の山の内部温度を 75℃にまで上げるかもしれない。そのような温度は雑草や病害虫の死滅を促進する。安定した堆肥を作成するのに要する時間は数週間から数ヶ月であり、その期間中の水分状態や酸素の可給度、初期材料の pH や C/N 比などによって異なる。

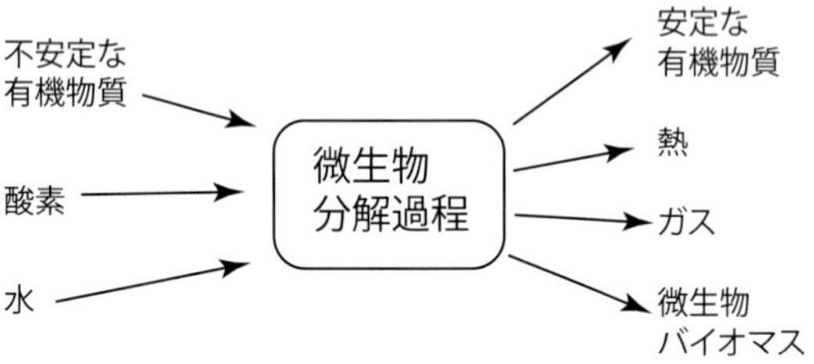

図 29　堆肥化にはいくつかの物質の出入りが伴う

さらに、有機肥料の成分は非常に変異が大きいため、施用量の計算が不正確となる。第二に、無機肥料に含まれる養分は、一般に有機肥料のものよりもずっと可給度が高い。第三に、堆肥や下水汚泥は、適切に管理されなければ、多量の雑草や病原性生物を含む可能性がある。

しかしながら、有機肥料（有機資材）は無機肥料が提供できないいくつかの重要な利点を持っている。有機物－特に分解の進んだ有機物－は、土壌構造や水分保持能さらには陽イオン交換容量を向上させる。この利点は、侵食などにより表層が失われたあるいは劣化した場所でとりわけ有益である。また、大抵の有機資材は費用がかからないので、発展途上国をはじめとするあらゆる地域の小規模農家にとって、経済的に利用できる唯一の養分源となっている。

無機肥料やその他の農業用資材は高額であるため、多くの小規模農家は低投入持続的農業（low-input sustainable agriculture: LISA）として知られる養分管理を行うようになってきた。そのようなシステムでは、無機肥料の利用を最小限に留めて作物を持続的に生産しようとしている。この生産方法を採用した農家は、無機養分源の重要性を認識しているものの、作物収量を高めようという彼らの取り組みは、主に作物の輪作体系を改善し、より良い作物品種を導入し、また有機肥料からの養分の供給量を増加させることに向けられてきた。そのような包括的な管理戦略にも関わらず、この低投入持続的農業における収量は、従来の農法の 60%から 90%に留まる傾向がある。しかし、投入物のコストが安いために、これら小規模農家にとっては正味の収益の増加につながりうるものである。

有機、無機に関わらず、土壌へ添加された養分の大部分は施用された年の栽培期間中には植物に吸収されない。むしろ、その添加された養分は前述した複雑な養分循環の中に取り込まれていく。肥料施用の最も迅速な効果は、生物活性や養分循環を促進して、それにより既存の養分プールの可給度を高めることである。養分が一旦溶液中の可給態になれば、有機資材に由来する養分は無機資材に由来する養分と区別することができない。

第５章　土壌の利用と誤用

Soil use and misuse

不適切な管理による土壌の劣化は、かつて栄華を極めた社会の衰退をもたらしてきた。古代ギリシアや古代ローマで文明が栄えたのは、ひとえにその地域の丘陵部で生成した肥沃だが脆弱な土のおかげである。古代ローマ人は、母なる大地を崇拝していたとよく書かれている。しかし彼らは、自分たちの土地をより功利的かつ近視眼的に管理することが多かった。その結果、急斜面の土壌は激しく侵食され、その生産力を失った。残念なことに、土壌劣化は過去の問題ではなく、現在の問題でもある。

土壌の質と劣化

近年、土壌の質と劣化が、科学者や世間の注目の的になっている。土壌を効果的に管理するには、あらかじめ土壌の質を評価し、その劣化の要因を見定めておくことが必要である。では、土壌の質と劣化というキーワードを説明しよう。

土壌の質

「土壌の質」という言葉は、科学者、農家、環境保護運動家、そして政治家によって多用されるようになった。食料生産や生態環境にとって土が大事だという認識が世間に広まったからである。土の質、あるいは土の健康、というのは、植物・動物・人の健康を育み、環境の質を守り、生き物の成長を支える土壌の能力、つまり健康、環境、生産性に関わる機能を発揮する力のことである。

機能の種類によって、求められる土壌の特性は異なる。そのため、土壌の質を評価することは難しい。しかし、土壌の質を表す具体的で信頼できる指標を開発する試みが、現在さかんに行われている。このような指標によって、植物生育の促進や汚染の浄化といった土壌の機能を定量的に評価できるようになるだろう。

土壌の質の評価は、医者の検診とよく似ている。医者は、患者の健康を診断する際に、あらかじめ血圧、体温、肺活量などの項目を測る。それと同様に、土壌学者は、土の質を評価する際に、有機物量、陽イオン交換容量、水分ポテンシャルなどを測定する。土の質は人の健康と同じように、一つの項目の分析結果だけで評価することはまず無理である。さまざまな項目の分析結果を得てから、それらを土壌の用途に応じて診断しなければなら

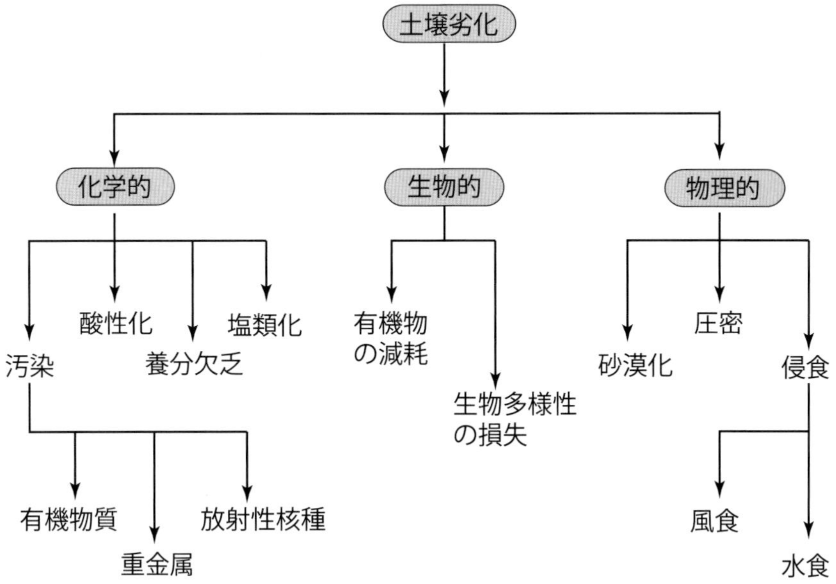

図 30　土壌劣化にはさまざまな形がある

ない。

土壌の劣化

土壌がその機能の一部を失い始めると、その劣化が始まる。そして土壌劣化はその質の低下をもたらす。土壌は複雑なので、劣化の原因や経過は多様である。しかし、図 30 に示したように土壌の劣化を、物理的・生物的・化学的という 3 種類に分類すると分かりやすい。物理的劣化には、圧密、風食や水食がある。そのような土壌の物理的劣化の多くは、砂漠化[7]（不毛な環境の拡大に伴って乾燥地や半乾燥地の土壌の質を低下させるプロセス）を引き起こす（写真 24C）。一方、生物的劣化には、有機物の減耗、土壌生物の量や多様性の低下などが含まれる。そして化学的劣化には、塩類化、酸性化、養分欠乏、有機・無機汚染物質の混入などがある。注 7

これらの劣化の多くは、互いに関連している。例えば砂漠化は、有機物や植生の減少と密接に関係しており、このことがさらに養分欠乏を加速させ、受食性（侵食されやすさ）を高める。それでは、侵食や塩類化や人工汚染物質が土壌の劣化にどう関わっているのかを見てみよう。

訳者注 7　1996 年に発効した砂漠化対処条約では、砂漠化を気候変動や人間活動を含むさまざまな要因により生じた乾燥・半乾燥・乾燥亜湿潤地域での土地の劣化と定義している

土壌侵食

地表の侵食は、ずっと昔から起こってきた自然現象である。しかし、人間活動のない場合、土壌の侵食速度は極めて小さい。例えば、植生に覆われた非撹乱土壌での侵食速度は、土壌の生成速度（土壌 1cm あたりおよそ 100 ～ 400 年）よりも小さいのが普通である。土壌がそこに存在するということ自体が、その土壌が侵食よりも速く生成されたということを示すものである。

人間や動物による植生や表土の撹乱は、侵食速度を激増させる。この加速された侵食は、自然に起こっている侵食の 100 倍以上の速度にも達する。斜面地での森林伐採は、雨の多い地域では特に水食（降雨による侵食）による土壌の損失を増大させる。同様に、乾燥地や半乾燥地での過放牧や過耕作は、風食（風による侵食）による土壌の損失を大幅に増大させる。1930 年代に生じた北米の大平原（グレート＝プレーンズ）の土壌の荒廃は、風食が猛威を振るった証である。

侵食の影響は、その場の土壌に限られる場合もあれば、侵食の起こった場所から遠く離れた場所まで及ぶ場合もある。広範囲に影響を及ぼす土壌侵食は、その発生場所によらず、社会・経済・環境への代償も大きくなる。

侵食による土壌の損失

有機物や養分に富む土壌の表層は、風や水による侵食に絶えずさらされている。侵食による土壌の損失は、土壌の質を大きく低下させる。侵食は、単に大量の土壌を持ち去るだけでなく、有機物や無機の細粒質画分という土壌の最も大切な成分を選択的に運び去るという点で、破壊的である。侵食によって、陽イオン交換容量や水分保持能が減少し、また生物活動も低下する。激しい侵食では、表層すべてが持ち去られ、その下の B 層や C 層が露出することもある。そのような極端な場合、土壌構造の劣化も生じ、透水性が大きく低下する。その結果、表面流去が増加し、さらに侵食が加速されることになる。

侵食の遠隔的な影響

土壌侵食の悪影響の多くは、侵食発生部位の下流あるいは風下で見られる。侵食によって集積した土壌堆積物が河川や湖沼に流入すると、水を濁らせたり、生態系を撹乱したりする可能性がある。また、侵食堆積物が貯水池に溜まり、池の貯水能を低下させることもありうる。土壌侵食を抑制してやっかいな堆積物の集積を防止することと比べて、浚渫による貯水池の復元には、その何倍もの費用がかかることが多い。また、侵食された土壌の堆積物が、富栄養化を引き起こす要因となるリンを多量に含んでいたり、公園用水や飲料水の汚染を引き起こす農薬を含んでいたりすることもしばしばある。

土壌の風食もまた、はるか遠くまで影響を及ぼす。埃の中の粘土粒子は、肺の内側を刺激し、炎症や他の損傷を引き起こすので、人の健康に害を及ぼす。さらに、風の強い乾燥した天気の日に起きる風食による砂嵐は、自動車の運転に支障をきたし、悲惨な結末をもたらすこともしばしばある。

このような土壌侵食の及ぼす直接的また間接的な影響を考えると、土壌という脆弱な資源を保全することはとても大事である。幸いにも、環境面また社会経済面での侵食の代償は、適切な土壌管理を行うことによって軽減できる。適切な管理を効果的に行うには、まず土壌侵食の原因と機構を理解することが必要である。

水食

大粒の雨滴は、時速約 30km で地面に落ちる。一粒の滴は、軽いにも関わらず、この大きな速度によって、かなり大きな運動エネルギーを持つようになる。その運動エネルギーは地面に衝突して使い果たされる（図 31）。このような激しい衝突は、細砂やシルトなどの土壌粒子を引き剥がし、粒子を衝突地点から 2m も離れたところまで動かしてしまう。雨粒が絶え間なく土壌にぶつかると、団粒（とりわけすでに水を含んでいて弱くなっていた団粒）が破壊される。そして団粒構造を失った土壌が乾燥すると、クラストと呼ばれる固い殻が地面に形成されることもある。このクラストは、しばしば幼植物の出芽や水の浸透を妨げ、雨による表面流去を促進する。

雨が長く激しく降ると、降雨量が土壌の透水能を超えてしまい、水が地表を流れ出すこともある。そして、雨滴によって引き剥がされた粒子は、水の流れとともに低い方へ運び去られる。水が地面を滑らかに流れる場合、粒子は土壌から均等にムラなく運ばれる。こ

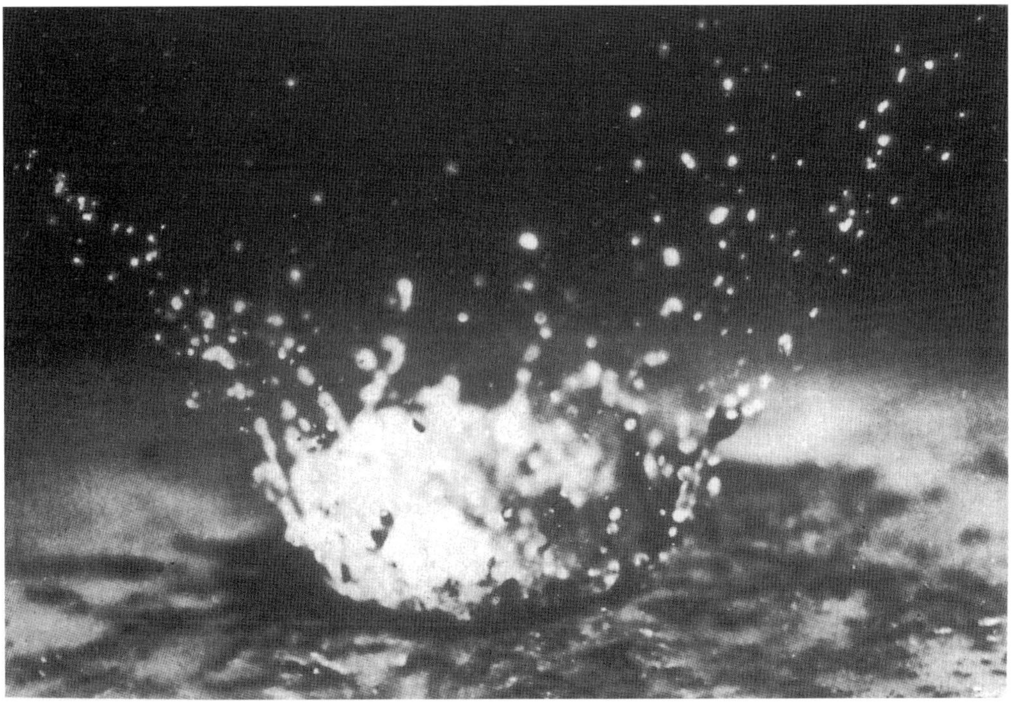

図 31　雨滴はかなりの力で地面に落ちて土壌団粒を崩壊させ、個々の粒子を分散させる

のようなタイプの侵食を面状侵食という（写真 24D, 25A)。一方、水が地面の小さなくぼみに沿って低いところを選択的に流れる場合、侵食は溝の部分に沿って起こる。このようにして流れる水は周りの水と比べて動きがより速くまた乱流になるため、表土をすり減らし、侵食を加速させる。この溝に沿った水の流れは、はじめはリルと呼ばれる小さな溝で起こる。これをリル侵食という(写真 25B)。リル侵食が進行するにつれて、溝が大きくなり、ガリーと呼ばれる大きな溝ができる。ガリーはより速い乱流を作り、ガリー侵食と呼ばれる侵食を引き起こす（写真 25C)。

リルとガリーの違いは、基本的に大きさである。リルは耕起によって簡単になくなるが、ガリーはもっと大きく、トラクターの使用の妨げになることも多い。ガリーは水食の中でも最も目立つ種類であり、景観を大きく損なうこともあるが、水食による土壌の持ち去りは、主に面状侵食とリル侵食によって起こっている。

水食の防止策－水食は、土壌の脱離と移動を制限することにより軽減できる。植生の被覆の維持が脱離の軽減にとりわけ効果的である。そのため非攪乱の草地や森林は土壌の脱離の防止に最も効果が大きい。集約的に利用された耕地のように攪乱を受けてきた土壌の場合、保全的耕起法を行って、作物残渣を土壌表面に残すことができる（写真 26A)。この地表の作物残渣は、雨滴の衝撃を分散させ土壌の脱離を抑える役割を果たす。

斜面地で大きな問題となる土壌の移動は、水が下方へと流れるのを抑えることで軽減できる。テラスを作って段々畑にすると、斜度が小さくなり、水や土壌の移動を最小限にできる（写真 26B)。しかし、テラスの造成と維持には多額の費用がかかるため、耕作できる土地が不足しており集約的な農業が行われている地域でなければ、テラス化は不向きである。等高線栽培は、圃場のもともとの斜面の向きと垂直方向に耕起や作付けを行う方法であり、斜度の緩やかな圃場で土壌の移動を効果的に軽減できる。

風食

水食と同じく、風食も世界的な問題である。どの大陸にも、風食によって劣化してしまった土壌がある。風食は、主に乾燥地や半乾燥地で起こるが、湿潤地の土壌も乾燥する時期があれば風食の被害を受けやすくなる。

風食は、地面の風速が時速 25km 以上になると顕著になる。風が土壌表面を速く通過すると、小さな粒子が団粒や土塊から引き剥がされる。この風自体も風食を引き起こす力を持っているが、引き剥がされた粒子の方が、土壌との衝突によってさらに粒子を脱離させるため、ずっと大きな破壊力を持っている。

脱離された土壌粒子の移動方法は、主にその粒子の大きさによって異なる。粒子の大半は、地面に沿って小刻みに飛び跳ねる跳躍というプロセスによって移動する。この方法によって移動する粒子は、地面から 30cm より上に跳ねることはほとんどない。とりわけ細砂画分（直径 0.05 ～ 0.5mm）の粒子は跳躍によって容易に移動する。そのため、細砂に富む土性を持つ土壌は、風食の被害を最も受けやすい。

風食によって脱離された土壌の中で粒子の細かいもの（主にシルトと粘土）は、風によって高く浮遊し、元の場所から数千キロメートルも離れた場所まで運ばれることもある。この移動方法は、乾燥した裸地が強風にさらされた時に、しばしば砂嵐を引き起こす原因となる（写真27A）。巻き上げられた粒子を含んだ雲は暗くて不気味なことが多い。しかし、この浮遊による粒子の移動は、通常、風食全体の15%にも満たない。

一方、直径が約1mmまでの比較的大きな粒子は、地面に沿って転がる匍匐というプロセスによって移動する。これは、多くの砂丘が移動する主な方法である（写真24C）。風食が極めて激しい時には、風が細かい粒子をすべて持ち去ってしまい、砂漠舗石と呼ばれるとても大きな粒子だけを地面に残していくこともある（写真27B）。

風食の防止策－風食は、土壌水分を増加させたり、地面に吹く風の速度を弱めたりすることによって軽減できる。土壌の水分は、粒子同士の接着力を大幅に増やし、個々の粒子を引き剥がすのに必要な風速を増加させる。灌漑を行うことが可能な場合は、乾燥した風の強い天気になりそうな時に地面を湿らせることが効果的である。しかし、灌漑水を使ってこのような応急的な防護措置を行える場所は数少ない。

一方、地面の風の速度は、前作の切り株のような地面にしっかりと根付いた作物残渣を残すことで軽減できる。地面の起伏を増やすことで風の速度を弱めたり土壌を捕らえたりする耕起法もうまく用いられてきた。また、防風林として列状に樹木を植えることも、風速を小さくするのに役立つ（写真28A）。このような防風林は、農場の建物を保護したり、生き物にすみかを与えたりするという副次的な効果もある。

土壌塩類化

塩は、私たちが多くの食品に用いる調味料である。しかし過剰の塩は、植物にとって致命的であり、世界中の肥沃な土壌を不毛にしてしまう。古代ローマ人は、この植物への塩の被害を熟知しており、これを戦術的に使っていた。2000年以上前にローマ人がカルタゴを征服した時、彼らはこの強大な国が復活することのないように大地に塩を撒いた。今日でも、塩類によって劣化した結果、植物が育たなくなり、私たちの食料や衣料あるいは野生動物のすみかを提供できなくなった土壌は、世界に数多く見られる。

石膏（$CaSO_4$）より水に溶けやすい種類の塩は、土壌に大きな害を及ぼす。そのような可溶性の塩類には、主にカルシウムイオン（Ca^{2+}）、マグネシウムイオン（Mg^{2+}）、ナトリウムイオン（Na^+）、塩化物イオン（Cl^-）、そして硫酸イオン（SO_4^{2-}）が含まれている。その中でも硫酸マグネシウム（$MgSO_4$）と塩化ナトリウム（NaCl、食塩）は、最も一般的な可溶性塩類である。土壌に存在するこれら塩類の給源は、風化した鉱物や大昔の堆積物、あるいは雨水や灌漑水である。可溶性塩類を過剰に含む土壌は、塩類土壌と呼ばれる。塩類土壌は、蒸発量が降水量を上回る乾燥地や半乾燥地で見られることが多い。

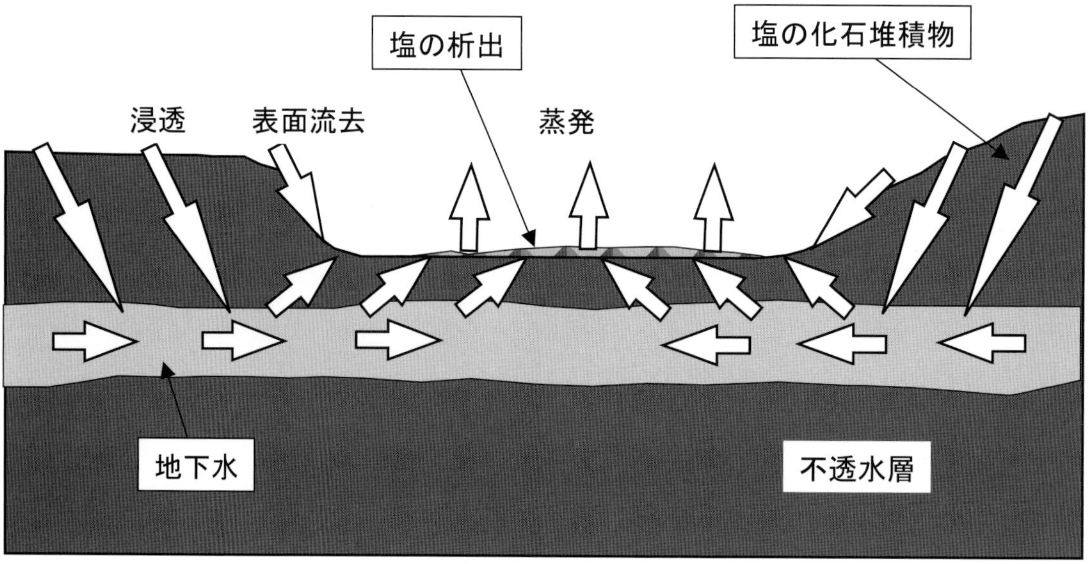

図 32　くぼ地において塩類が集積し塩だまりが形成されているところの断面図

可溶性塩類の動態

塩類土壌は地形の中で低い場所に生じるのが一般的であり、塩だまりと呼ばれる塩の析出した景観を作り出す（図 32）。このような景観は、塩分の多い地下水が不透水層の上部を伝って地形の低い部位へと流れていく場合に形成される。塩を含んだ水は、塩だまりに達すると地表に向かって動き、地表で蒸発あるいは蒸散し、塩だけがそこに置き去りにされる。

塩類化の初期の段階では、塩は塩だまりの外縁部に白い被膜として表れる。塩類化が進行すると、塩だまり全体が白い塩の被膜で覆われるようになり、飛行機からも見えるようになる（写真 28B）。可溶性塩類は、他の形で地表に集積することもある。例えば、塩類化の見られる耕地では、畝の部分にだけ塩の被膜が生じることが多い。塩を含んだ水が毛管上昇によって畝の頂に達し、その水の蒸発後に塩だけが残ることによって、そのような土壌が見られるようになる。

土壌の塩類化度とアルカリ化度の測定法

塩の中の電解質イオンが水に放出され溶解すると、水の電気伝導度（電気の通しやすさ）は増加する。従って土壌の可溶性塩類の濃度は、土壌溶液の電気伝導度を測ることで間接的に得られる。電気伝導度は、メートルあたりのデシジーメンス（dS/m）という単位で表される。そして、電気伝導度が 4dS/m を超えると、塩類土壌に分類される[8]。 注 8

訳者注 8　電気伝導度は、土壌に水をひたひたになるまで加えて得られる飽和浸出液を用いて測定する

オーストラリアでの土壌塩類化

オーストラリアの海岸部の土壌は、内陸に吹き寄せてくる海の飛沫によって長年にわたって少しずつだが着実に塩をため続けてきた。雨水が土壌の中を浸透し、その塩も下層へと運ばれ、塩は多くの植物の根の伸張領域（根域）よりも深いところで集積した。その地域に生育する丈夫で深い根を持つユーカリやアカシアの木は、地下深くから水を吸い上げ、水と塩が上方へと移動することを防いできた。

オーストラリアへのヨーロッパ人の定住は、19 世紀半ばまでに本格化した。この初期の定住者の多くは、オーストラリア南西部の肥沃な森林地帯へと導かれた。その地域の原生林の多くは、食料需要の増加とともに伐採されていった。原木が小さな浅根性の作物や草本に置き換わったことで、植物の吸水量は大きく減少した。その結果、より多くの降水が土壌に滞留されることになり、最終的には土壌の深層に集まることになった。深層の水の量が年々増えていくにつれて、それまでに長い月日をかけて集積してきた塩が溶け始めた。そしてさらに数十年がたち、水はより塩辛くなり、その水位も上昇した。

初期の定住者は、良かれと思って行っている行為が招く不幸な結果を予見できなかった。農民は、肥沃な土壌の恵みをもらい続けようとし、同時に地下の塩水も地表に向かって絶え間なく上昇し続けた。20 世紀の中頃には、劣化した土壌と塩の被膜が圃場の低いところで見られるようになった。やがて、この不毛な斑点は拡がり、その地域の大半を占めるようになった。今日、オーストラリアのおよそ 85 万平方キロメートル（訳者注：日本の面積の約 2.2 倍）もの土壌が塩類集積によって劣化してしまった。

不幸にも、オーストラリアは例外ではない。人類の歴史の中で、世界の他の地域でも土壌の塩類化が人為によって常に引き起こされてきた。灌漑地の土壌はとりわけ塩類化を受けやすい。オーストラリアや他の地域での塩類土壌の改良は、困難で時間がかかる。しかし改良のもたらす利益は、測り知れないほど大きいだろう。

可溶性塩類から放出されるイオンの中で、ナトリウムイオン（Na^+）が最もやっかいである。ナトリウムイオンは、粘土や有機物を分散させ、土壌構造を劣化させるとともに粗孔隙を詰まらせるからである。そのため、ナトリウムの多い土壌は、通気性や透水性が悪くなる。土壌のナトリウム濃度は、交換態ナトリウム比、あるいはナトリウム吸着比によって表される。交換態ナトリウム比とは、土壌の全交換態陽イオンの当量数に対する交換態ナトリウムの当量数の百分率であり、この値が 15%を超えるとアルカリ土壌に分類される。アルカリ土壌は、極めて高い pH（通常 8.5 ～ 10）を持つが、電気伝導度が 4dS/m 以下であれば塩類土壌に分類されない。電気伝導度が 4dS/m 以上でかつ交換態ナトリウム比が 15%以上の土壌は、塩類土壌とアルカリ土壌両者の性質を持つようになり、塩類－アルカリ土壌に分類される。ただ、塩類－アルカリ土壌は、アルカリ土壌とは異なり、良い土壌構造を持っているのが一般的である。

土壌の塩類化やアルカリ化が植物に及ぼす影響

可溶性塩類は、土壌溶液の浸透圧を変化させ、植物の吸水を妨げる（写真 29A, B）。土壌中に水が豊富にあっても、浸透圧が高すぎれば、植物が吸水できないこともある。植物の「生理的な」水不足（干ばつ）という現象である。土壌溶液の塩濃度が非常に高い場合には、水が植物根から土壌へと逆方向に動くこともある。

塩を含んだ土壌に対する感受性は、植物の種類によって異なる。最も耐性の低い植物には、トマト、タマネギ、レタスがある。一方最も耐性の高い植物は、塩性植物と呼ばれ、塩分を含んだ沼地、海岸や他の塩の多い環境でよく見られる。最も有名な塩性植物の1つに、アッケシソウ（*Salicornia rubra*）という塩だまりの周辺によく見られる極めて耐塩性の高い植物がある。

植物に対する塩の被害には、浸透圧だけでなく、ナトリウムと塩素の過剰害がある。果樹や観葉樹は、これらの元素に対する感受性がとりわけ高い。さらに、過剰なナトリウムによって引き起こされた高 pH は、微量養分の欠乏を招くこともある。

冬季に融雪剤として道路や歩道に塩を使うことは、温帯の多くの都市でよく行われている。この融雪剤を多量に散布すると、周辺の植生に被害が及ぶこともある。しかし、雨が十分に降れば、融雪剤は土壌から洗脱され、植生は再び回復する。今でも融雪剤に塩がよく使われているが、ナトリウムの過剰害を考慮して、行政機関の多くが塩化ナトリウムの代わりに塩化カリウムを使うようになってきた。

塩類土壌の改良

塩の被害を受けた土壌を改良するのは、大変で時間もかかる。難題であることに変わりはないが、以下の３つの原則を守ることで、改良の成功率を上げることができる。まず１つ目は、土壌に良い暗渠を設置し、塩の洗脱を促すことである。現在、塩の被害を受けている土壌は、きちんと排水されているところが多いが、そうでない土壌は、人工的な排水路を整備するか、深根性の植物を植えて地下水位を下げることが必要である。２つ目は、アルカリ土壌や塩類土壌のナトリウムをカルシウムに置換することである。これは、土壌に石膏を施用することで最も効果的かつ経済的に行うことができる。そして３つ目は、質の良い灌漑水をふんだんにかけ流して、塩を土壌から洗い流すことである。灌漑水が手に入らないところでは、雨水を除塩に用いるべきである。

土壌汚染

人類の歴史の中で、土壌は社会のごみを受け入れてきた。しかし産業革命以降、このごみの量、毒性そして滞留時間は大幅に増加してきた。この無数の汚染物は、土壌に流入するとすぐに、土壌の化学的生物的サイクルの中に取り込まれる。汚染物質の中には、比較的不活性で害の少ない物質もあるが、食物網に容易に入り、生き物の通常の機能を撹乱したり、人の健康を脅かしたりする物質もある（写真 30A）。

無機汚染物質

土壌の主な無機汚染物質には、ヒ素、カドミウム、クロム、銅、鉛、水銀、モリブデン、ニッケル、セレン、そして亜鉛がある。その中でも、ヒ素、カドミウム、鉛、水銀は人に対する毒性が極めて高い。これらの汚染物は、精錬、メッキ、化石燃料の燃焼、そして他の多くの工業活動といった多くの過程で放出され（写真 30B）、いったん放出されると土壌に蓄積するまでに風や水によって広範囲に拡がることもある。

最も毒性の高い無機汚染物質の放出源について触れておこう。強力な神経毒作用を持つ鉛は、長い間、車の排気ガスや塗料から放出されていた。かつて抗生物質としてよく使われていたヒ素は、選鉱くず、動物の餌の補助剤、農薬などから放出される。ヒ素を含んだ殺虫剤は、長年にわたって、綿、芝、果樹の害虫を駆除するのに使われていた。そのため、毒性害の生じるレベルまでヒ素が集積した土壌もしばしば見られる。動物の組織に蓄積され、人の腎臓に害を及ぼすカドミウムは、精製が不完全なリン肥料に含まれていることが多い。また下水汚泥も多くの無機汚染物質を含んでいることがある。そのため、農地に施用される下水汚泥の質と量は法律によって厳しく規制されている。

元素によっては、放射性核種と呼ばれる放射性の形態で存在するものもある。放射性核種には、天然に存在するものや核実験や原子力発電などの人間活動によって環境中に放出されたものがある。1986 年のウクライナのチェルノブイリ原子力発電所での事故によって、放射性のストロンチウム（^{90}Sr）、ヨウ素（^{131}I）、セシウム（^{137}Cs）がヨーロッパ全域の土壌に降り注いだ。この事故から 10 年後、チェルノブイリ近郊の住民の甲状腺がん発生率は、他地域の住民の 20 倍に達することが報告された。

移動度と可給度－カドミウム、銅、ニッケル、亜鉛は、通常土壌中で陽イオンとして存在し、負に帯電した鉱物や有機物と強く結合している。土壌の pH が 6.5 以上であれば、これらの金属は植物にほとんど供給されないが、より酸性の条件では、比較的動きやすくなる。鉛はほとんどの土壌で極めて動きにくいので、土壌の pH さえ低くなければ、植物に供給されないのが普通である。鉛汚染土壌の健康被害は、土壌粒子の吸引によって起こりうる。

水銀は、好気的な土壌では鉱物や有機物と強く結合しており、その大半は植物に供給されない。しかし、排水性の悪い土壌や湿地では、微生物によって有機水銀化合物が合成される。この有機水銀化合物は、動植物に対して極めて毒性が高く、かつ容易に吸収される。この有機態の水銀は、魚や他の水生動物に蓄積し、それらを摂取すると人に被害を及ぼす濃度に達することもある。

ヒ素、モリブデン、セレンは、土壌中で通常陰イオンとして存在する。従って、土壌中での移動度や可給度は、鉱物や有機物の正荷電量が最大になる酸性条件で最も小さくなる。クロムは、ヒ素やセレンと同様に、土壌の通気性によって、その酸化形態が変化する。酸

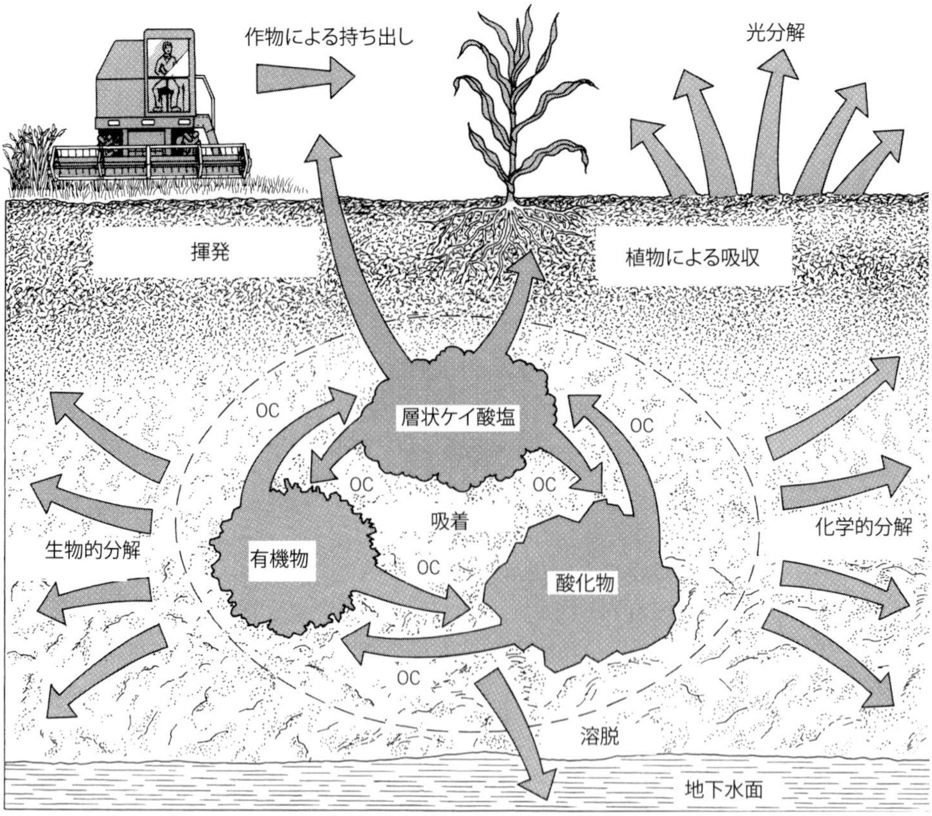

図 33　有機汚染物質（organic contaminants: OC）は土壌中でさまざまな反応を受ける

化された形態の 6 価クロムは、移動度が大きく、とても毒性が高い。幸いなことに、有機物が少量あれば、6 価クロムは還元され毒性がなくなる。

放射性のストロンチウム（^{90}Sr）とセシウム（^{137}Cs）は、それぞれ土壌中でカルシウムとカリウムに似た挙動を示す。^{137}Cs は、雲母やバーミキュライトといった土壌鉱物に強く固定され、その可給度（植物の吸収しやすさ）が大きく低下する。^{90}Sr は、カルシウムに代わって食物網に入り、人や動物の骨の中にかなりの濃度で蓄積する可能性があるため、^{137}Cs より問題である。放射性核種や他の無機汚染物質の移動度と可給度は、陽イオン交換容量が小さく有機物に乏しい酸性の砂質土壌で最大になることが一般的である。

浄化－無機汚染物質に汚染された土壌を浄化する際に考慮すべき点は、まずさらなる汚染物質の流入を減少させることである。次に、汚染物を不溶化して植物による吸収や地下水への溶脱を制限することである。これには、石灰の施用による土壌 pH の中和がしばしば効果的である。最後に、土壌の金属汚染を軽減する手段として、問題となっている金属を集積する植物を栽培・収穫して、土壌から回収するという方法（ファイトレメディエーション）もある。アブラナ科グンバイナズナ属などの特定の植物は、組織内に亜鉛を 4% もの

バイオレメディエーション：自然の掃除屋

バイオレメディエーションとは、植物、微生物、酵素を用いて汚染物を分解し、土壌や生態系の環境を改善する方法である。対象汚染物質を特異的に分解するために、養分を添加したり生物を導入したりすることもよく行われている。1989年にアラスカでオイルタンカーのエクソン・バルディス号が原油を流出させた時に、バイオレメディエーションは汚染された海岸線を修復するのに初めて用いられ、大きな成功を収めた（写真30C）。また、堆肥化もバイオレメディエーションの１種であり、積み上げた堆肥の中にいる生物が残留性の高い汚染物質を効果的に分解してくれる。

ファイトレメディエーションはバイオレメディエーションの１つであり、植物を用いて土壌の質を改善する方法である。植物根が有機汚染物質や金属を直接吸収同化するという直接的なファイトレメディエーションと、植物根の分泌物が根圏微生物を活性化させて根近傍の有機汚染物質の分解を促すという間接的なファイトレメディエーションがある。トリクロロエチレンや石油由来の炭化水素などの有機汚染物質の分解に関して、根圏微生物の分解が非根圏微生物より約２倍も速いことが最近の研究で示されている。このように根圏での複雑で多様な反応は、植物と共生微生物を利するだけでなく、土壌環境の改善にも役立っている。

バイオレメディエーションの利用を妨げる制約もいくつかある。対象となる場所が、寒冷・乾燥・貧栄養すぎる場合、また汚染物が生物に利用できない場合、環境修復技術としてバイオレメディエーションを用いることは不適切である。しかし、このような制限はあるものの、バイオレメディエーションが汚染環境の修復に最も有効な手段の１つであることは間違いない。

高濃度で集積でき、超集積植物と呼ばれている。収穫された植物から亜鉛を精錬できるほど高い濃度で亜鉛が含まれている場合もある。

有機汚染物質

毎年、何千もの合成有機化合物が環境中に新たに放出されている。これら有機物質には農薬類、石油類、溶剤、他の炭化水素化合物などがある。有機汚染物質の中でも最も重要なグループに属する農薬類は、対象生物の違いによって、除草剤、殺虫剤、防カビ剤の３種類に分類できる。また土壌での残留性や毒性は、農薬の種類によって大きく異なる。塩素系の農薬は最も分解が遅く、15年以上も土壌に残存するものもある。有機リン系の農薬は通常ずっと速く分解されるが、人に対して高い毒性を示すものもある。最も望ましい農薬は、土壌中で速やかに分解され、かつその毒性が対象生物に対して高い選択性を示すものである。

有機汚染物質の消長：放出源の種類によらず、ほとんどの有機汚染物質は最終的に土壌に到達し、そこで複雑な生物的・化学的反応を受ける（図 36）。汚染物の多くは、土壌鉱物や有機物に速やかに吸着される。土壌の吸着能は、主に有機物と粘土の量に応じて増加する。また、サイズや荷電の大きな分子ほど土壌に吸着されやすい。概して、土壌に吸着されると農薬はその効力を失ってしまう。一方、土壌に弱く吸着する水溶性の有機汚染物質は、土壌から容易に溶脱される。溶脱の危険性は、陽イオン交換容量が小さく透水性の高い砂質土壌において最も高くなる。

土壌の有機汚染物質は、より単純で毒性の低い形態に分解されることもある。分解には、3 つの形態－生分解、化学分解、光分解－がある。この中で、生分解が最も重要である。バイオレメディエーションという技術は、生分解を利用して汚染物を無毒化し、土壌の質の向上を図るものであり、近年急速に発展している（87 ページのコラム）。

汚染物の中には、揮発によって土壌から失われるものもある。溶剤、燃料類、農薬の一部など揮発性の高い化合物は、揮発によってかなりの量が土壌から失われる。植物に吸収された農薬もまた、作物の収穫によって土壌から持ち出される。多くの国の規制団体は、そのような植物中の残留農薬を人が摂取した時の安全性を確認するために、厳正な検査を行っている。

土壌と食料生産

世界の陸地面積全体のうち、ほんの 25%しか耕作に適していない。残りの 75%の土地は、湿地や山地だったり、寒すぎたり乾燥していたり、あるいは放牧しかできなかったりする。およそ一万年前に農業が始められて以来、人口は増加し続け、それに伴って、耕作適地の需要は増加してきた。

20 世紀に入り、死亡率（とりわけ子供の死亡率）が医学の進歩によって低下し、人口は飛躍的に増加した。この爆発的に人口が増加したことと食料生産の可能な土地が限られていることを踏まえて、数多くの社会学者は将来飢餓が蔓延すると予測した。しかし彼らは、農業の集約化とそれによる食料生産量の増加を予見していなかった。

集約農業と食料生産

1960 年から 1990 年にかけて、サハラ以南のアフリカを除く他のすべての地域では、食料生産の増加率が人口の増加率を上回った（図 34）。この食料生産の増加は、肥料の使用、多収量品種の導入、灌漑などの幅広い水管理手法の実施によってもたらされたものである。収量増加の著しかったアジアでは、この食料生産の増加を「緑の革命」と呼んでいる。

集約農業は、いくつかの重要な利益をもたらした。最も重要なものは、穀物生産の増加が全世界の飢餓と栄養失調を軽減したことである。収量が増加することによって、食料生産に必要な農地面積もまた減少した。例えば、世界中での作物生産の集約化によって、ア

アフリカの飢饉

1967 年、アフリカでの年間穀物生産量は 1 人当たり 180kg というピークに達した。これは、人がなんとか生活していける量である。その 20 年後、生産量は、1 人当たり 120kg に落ち込んだ。このように 1 人あたりの食料生産量が減少したのは、世界中でアフリカだけである。その結果、飢餓と絶望が大陸中に蔓延した。

アフリカでのたび重なる飢餓は干ばつによってもたらされたと考えている人が多い。しかし実際は、アフリカの窮状は、過酷で頻繁に起こる干ばつだけでなく、非常に脆弱な土壌が広く分布していることや様々な社会・政治・経済的問題も絡んだ数多くの要因によるものである。これらの要因は、アフリカ大陸の土壌と植生の不適切な管理を誘発させ、その劣化を引き起こしてきた。

アフリカの土壌の大半は、強い風化作用を受け、養分に乏しい。アルミニウムの過剰害を引き起こす土壌も多い。食料生産を増やすために新しい耕地を開墾する時には、もとの森林は伐採され、土壌は植生による被覆を失ってしまう（写真 31）。かつては下層土から養分を表層に汲み上げるポンプとして役立っていた木は、燃料源として燃やされるようになる。作物の収穫、溶脱、表面流去によって土壌中の養分が徐々に失われるにつれて、もともと貧栄養だった土壌は、ますますひどくなっていく。森林の消失とともに薪がなくなると、人々は作物残渣や家畜の糞を燃料に使うようになる。その結果、この有用な資源が土壌に還元されることがなくなり、養分や有機物の供給がさらに途絶える。土壌中の有機物が減耗すると、土壌の構造が悪化し、侵食が加速される。この地力の低下は、たんぱく質に富む穀類や豆類の収量低下を引き起こす。一日のカロリー摂取量を満たすために、農民は、キャッサバ、ヤマイモ、ジャガイモなどの高カロリーだが低栄養の作物を栽培するようになる。

この土壌や環境の劣化の悪循環を断ち切る鍵は、植生の火入れを最小限にし、劣化した土壌での耕作を制限することである。放牧や耕作は、劣化していない土壌でのみ行うべきである。このような対策を講じることによって、土壌へと還元される有機物の量が増え、土壌の養分含量や物理性が改善されるだろう。さらに土壌の肥沃度と物理性の向上は、植物の生育や水の浸透を促し、最終的に土壌侵食を防止することにもつながるだろう。

様々な種類の樹木と作物を一緒に作付けすることも可能である。これは、アグロフォーレストリーと呼ばれている。窒素固定を行う成長の速い樹木をこの作付け体系の中に組み込めば、土壌に窒素を供給してくれるだけでなく、下層土にある養分を汲み上げる役割も果たし、さらに侵食の防止にもつながるだろう。このような土壌の質の改善に向けた取り組みにおいて重要な点は、それを行い続けていくための十分な動機を地域の農民が持つ場合にのみ成功しうるということである。

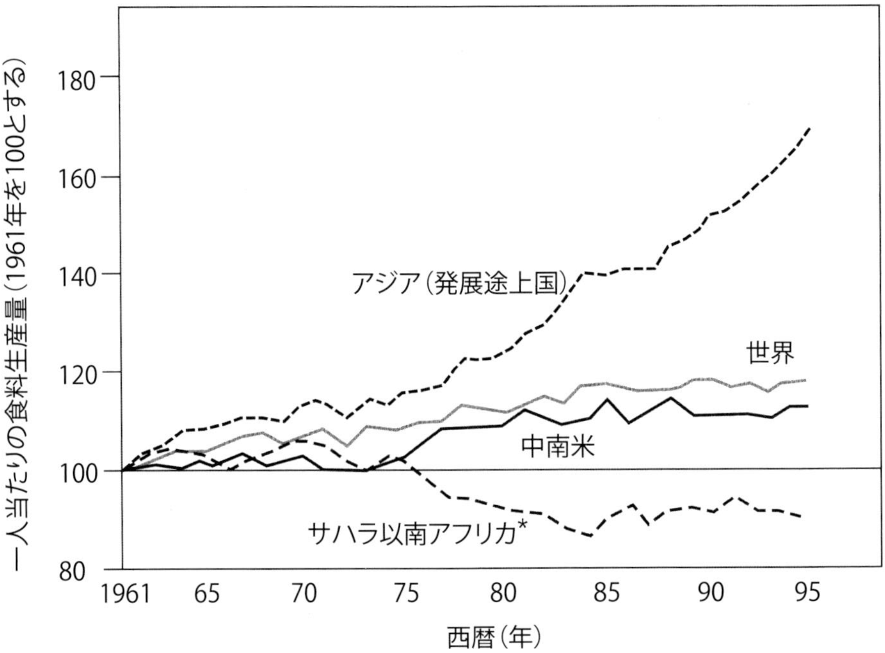

図 34　1961 年以降、サハラ以南アフリカを除く世界の全地域において、一人当たりの食料生産量が増加してきた　（* 南アフリカを除く）

ルゼンチンのおよそ 2 倍の面積の土地が節約できた。また、肥料の施用量が増加することで、多くの土壌中の窒素、リン、カリウム含量が増加することになった。

しかし残念なことに、集約的な農業が土壌や生態系に悪影響をもたらしたこともある。世界各地とりわけヨーロッパ西部では、肥料が過剰に施用され、その結果湖沼の富栄養化や地下水の硝酸汚染が引き起こされた。また乾燥地では、質の悪い水を用いた灌漑によって多くの土壌が塩類化した。さらに長年に渡る大規模な単一栽培によって、土壌中の生物多様性が減少し植物の病害が増加した。こうした集約的な農業は、増え続ける世界人口に見合う量の食料を生産するには不可欠のものであるが、一方でこの高収量を今後も維持し続けるには土壌の質を守ることも必要である。

写真 17A　pH が 7 以上の土壌で生育するアジサイは、主に赤やピンクの花が咲く

写真 17B　酸性土壌で生育するアジサイは、主に青や紫の花が咲く

写真 17C　土壌の肥沃度が低いため、右側のゼラニウムの葉は左側の正常な葉と比べて、色が薄く、サイズも小さい

写真 18A　窒素欠乏を示す柑橘類の木（イラク）。葉の縁が黄色くなっている

写真 18B　脱窒によって多量の窒素が水田から失われる

写真 18C　窒素不足によって、トウモロコシの葉がクロロシス症状を示している

写真 19A　リン不足によって、トウモロコシの葉の縁が紫色になっている

写真 19B　紫色の斑点のある淡い色の葉（赤ぶどう）は、リン欠乏を示している

写真 19C　湖や河川の過剰なリンは、藻類の大発生を引き起こす

写真 20A　リンゴの葉の縁のネクロシス症状は、カリウム欠乏を示している

写真 20B　ジャガイモの葉のネクロシス斑点は、カリウム欠乏を示している

写真 20C　激しいカリウム欠乏症状を示すジャガイモ

写真 20D　イネの葉のネクロシス斑点は、カリウム欠乏の症状である

写真 21A　硫黄欠乏土壌で育ったレタス（左）は、硫黄が十分ある土壌で育ったレタス（右）よりも圧倒的に小さい

写真 21B　硫黄不足によって、写真の手前側のカノーラは、向こう側のものと比べて花が少ない（カナダ、サスカチュワン）

写真 21C　カルシウム欠乏によって、トマトの果実に醜い跡が生じている

写真 22A　ツバキの葉のマグネシウム欠乏

写真 22B　ライラックの葉のマグネシウム欠乏

写真 22C　グレープフルーツのマグネシウム欠乏は、葉のクロロシスと果実の退色を引き起こす

写真 23A　この圃場の遠方に見える淡緑色の大豆は、鉄欠乏を示している

写真 23B　アーモンドのホウ素欠乏症状

写真 23C　亜鉛欠乏によって、オレンジの葉がクロロシス症状を引き起こしている

写真 24A　様々な分解段階のものを含んだ堆肥の山。上にある新しい繊維質の物質は、下方にある暗色の腐植化した有機物へと徐々に変化していく

写真 24B　動物の糞は、養分や貴重な有機物を供給してくれる

写真 24C　砂丘の移動は、砂漠化の主な光景である

写真 24D　面状侵食は、急斜面で加速される

写真 25A　激しい面状侵食（ケニア）。侵食の前には、この石は地表面にあったはずである

写真 25B　リル侵食

写真 25C　激しいガリー侵食は、景観をひどく傷つける

写真 26A　作物残渣は、雨滴の衝撃を緩和し、水食を抑える

写真 26B　テラス化した圃場は、水食を激減させる（インドネシア）

写真 27A　ニジェールで見られる風食。このような侵食による砂嵐は視界を大きく妨げる

写真 27B　激しい風食は、細粒質の土壌を持ち去り、砂漠舗石と呼ばれるものを作り出す

写真 27C　このようなフェンスは、地面の風速を減少させ、風食を抑制する（モロッコ）

写真 28A　防風林は、地面の風速を減少させ、風食を抑制する

写真 28B　塩類土壌の生じた地域では、塩の被膜ができているところも多い

写真 29　土壌の過剰な塩分によってネクロシス症状を示したバナナの葉

写真 30A　重度に汚染された土壌は、植物を育むこともできない

写真 30B　産業排出物に含まれている汚染物質は、地面に落ちてくるまでに長い距離を移動することもある

写真 30C　バイオレメディエーション処理を施した石油で汚染された海岸（左）と無処理の海岸（右）

写真 31　このように植生の乏しい土壌では侵食が起こりやすい（ニジェール）

写真 32A　未来の世代の繁栄は、我々の土壌資源の責任ある利用にかかっている

写真 32B　健康な土壌は、健康で生産的な生態系を育む

第 6 章　我々の将来と土壌

What lies ahead?

21 世紀に入り、世界の 60 億もの人々は、地球上の土壌資源に対してこれまでにない要求を押し付けている[9]。今後も人類が増え続けかつ繁栄していくならば、食料や衣料に対する需要は増え続けるだろう。例えば、村や町からより繁栄した都会へと移り住むと、食べ物も変化することが多い。食べ物の変化の中で最も重要なものは、肉類の消費量の増加である。牛肉 1kg を生産するのに約 8kg の穀類が必要なことを考えると、この大規模な食習慣の変化は食料需要を急速に増加させる。 注 9

食料や衣料の生産だけでなく、生態系の正常な機能の維持、生物多様性の保全、観光地の保全のためにも、土壌の質を守ることは大事である。我々が自分達の物質的欲求を際限なく満たそうとすれば、圧密、塩類化、侵食、汚染、砂漠化、生物多様性の損失などによる土壌の劣化の危機に絶えず直面することになるだろう。さらに、地球規模の気候変動もまた世界の土壌に大きな影響を及ぼすと考えられる。現時点では、地球温暖化の土壌への影響を断定することはできないが、砂漠化の危険度が増加しまた海面上昇に伴って海岸部の土壌が失われることが予想される。

将来、増加する食料需要を満たす必要性と土壌や環境の質を守る必要性という 2 つの重要な要件を満たすような土壌管理を行っていくべきである。この 2 つの要件は、自然生態系の撹乱を最小限にするような食料生産体系を取り入れることで可能になると思われる。今後食料生産を増加させる必要があることを考えると、集約的な土壌管理を採用することになるだろう。しかし、肥料の施用量を増やしても必ずしも収量が増加するわけではない。サハラ以南のアフリカや他の発展途上地域の土壌は別とすると、多くの土壌はすでにほぼ最適な養分レベルに達しているからである。そのため、むしろ養分や水の利用率の向上、輪作体系の改善、高収量品種の利用などによって、収量増加が可能になると考えられる。

今後、数多くの難題に直面することになるだろう。しかしそれらにはいずれも解決策がある。政府関係者や世間の人々は、土壌が貴重であるとともに脆弱であることを認識するようになってきた。最も大きな難題の一つは、発展途上国での食料生産や土壌管理に対して有効な対策を講じることであろう。そのような地域の多くの人は、当然のことだが、土

訳者注 9　2012 年末現在 70 億人を超えている

壌の保全よりも自らの生存を優先する。先進国の人々は、途上国の人々が持続可能な農業生態系を確立するために必要なものを提供しなければならない。なぜならば、我々は共通の未来をよりよくするために、ともに働いているからである。地球の表皮である土壌という貴重で脆弱な資源を次世代に残すことは、まさに世界全体の課題である。

用語集

赤潮（algal bloom）：表面水での藻の成長の急激な増加のことで、養分（特にリン）の供給増加によって引き起こされる。

アルカリ土壌（sodic soil）：土壌構造や植物生育を阻害するほど多くの交換態ナトリウムを含んだ土壌。

アロフェン（allophane）：火山灰由来の土壌で主に見られる非晶質の粘土鉱物。

アンモニアの固定（ammonium fixation）：層状ケイ酸塩によってアンモニウムイオンが固定され、植物に利用できなくなること。同様の固定がカリウムにも起こる。

イオン（ions）：電荷を持った原子や分子。

イモゴライト（imogolite）：主に火山灰で生成した土壌に見られる準晶質の粘土鉱物。

陰イオン（anion）：マイナスの電荷を持つイオン。

永久凍土（permafrost）：一年中凍っている土壌。

永久しおれ点（permanent wilting point）：植物がしおれ、再度灌水しても回復しなくなる土壌水分含量。

塩性植物（halophyte）：塩の多い環境を好む、あるいは耐性を持つ植物。

塩類土壌（saline soil）：植物生育を阻害するほど多くの可溶性塩類を含み、かつアルカリ土壌には分類されない土壌。

カオリナイト（kaolinite）：強風化土壌に卓越する層状ケイ酸塩鉱物。

可給態養分（available nutrients）：植物に容易に利用できる形態で存在している養分。

河川堆積物（fluvial deposits）：河川によって運搬され堆積した岩石風化物。

仮比重（bulk density）：固相と気相を含む一定体積あたりの乾燥土壌の重さ。

緩衝能（buffering capacity）：pH 変化に抵抗する土壌の能力。この緩衝能は、主に腐植や粘土含量に支配されている。

ギブサイト（gibbsite）：アルティソルやオキシソルなどの強風化を受けた土壌に卓越する水酸化アルミニウム。

吸着（adsorption）：溶液中のイオンや分子が固体表面に結合する現象。

キレート（chelates）：有機分子と金属との安定な化学結合物質。キレート剤は、土壌中の微量元素の可給度を増加させるために土壌に施用されることもある。

菌根（mycorrhizae）：高等植物の根と糸状菌との共生形態で、この共生により植物の養分吸収が促進される。

菌類（fungi）：単細胞（例えば酵母）や多細胞（例えばカビやキノコ）生物を含む多様な生物群。

クロロシス（chlorosis）：淡い黄緑色によって特徴付けられる植物の状態。

ゲータイト（goethite）：大半の土壌や気候帯に見られる鉄酸化物で、針鉄鉱とも呼ばれる。土壌の黄色－褐色の原因になる。

下水汚泥（sewage sludge, biosolids）：汚水処理によって下水から除去された固形物や溶存物質。

原生動物（protozoa）：細菌や菌類などを捕食する単細胞生物。

交換態ナトリウム比（exchangeable sodium percentage, ESP）：土壌の陽イオン交換容量の中で交換態ナトリウムの占める割合（百分率）。

孔隙径分布（pore size distribution）：土壌中の様々な孔隙を直径別に分類したもの。

湖沼成堆積物（lacustrine deposite）：湖水に沈殿した物質で、地表に露出すると湖成土壌の母材になる物質。

古土壌（paleosol）：昔の地形で生成し、現存していない土壌生成環境によって生じた明確な形態的特徴を持つ土壌。

根圏（rhizosphere）：植物根のごく近傍の土壌で根の存在や活動によって影響を受けている領域。

砂漠舗石（desert pavement）：風食によって細粒質が除去された後に残る、緻密に詰まった大小の石ころや岩切片の層。

酸性硫酸塩土壌（acid sulphate soil）：多量の硫黄が硫酸に酸化されて、強酸性を示すようになった土壌。

残積成物質（residual material）：母岩が風化作用を受けて砕片化され、その場で生成した非固結の石や無機物質。

塩だまり（saline seep）：塩を含んだ水が地面に向かって上昇し、その水の蒸発によって表層土壌の塩分濃度が高くなった場所。

重金属（heavy metals）：比重が $5g/cm^3$ 以上の金属で、有毒な金属も多い。一般的な土壌中の重金属には、カドミウム（Cd）、コバルト（Co）、クロム（Cr）、銅（Cu）、鉄（Fe）、水銀（Hg）、マンガン（Mn）、モリブデン（Mo）、ニッケル（Ni）、鉛（Pb）、亜鉛（Zn）などがある。

集積（illuviation）：土壌断面内で上層から移動してきた物質が下層に沈殿すること。

硝酸化成（nitrification）：微生物によるアンモニウム（NH_4^+）の硝酸イオン（NO_3^-）への形態変化。

制限因子（limiting factor）：植物の成長や生殖を制限するあらゆる因子（例えば養分、日光、温度）。

石灰、カルシウム化合物（lime）：pH 上昇や土壌環境の改善のために土壌に施用される様々な酸中和物質。

ゼノバイオティック（xenobiotics）：生物にとって新規の化合物。難分解性の人工化合物を指すことが多い。

洗脱（eluviation）：土壌中の物質が溶存態あるいは懸濁態として土壌の層から除去されること。

線虫（nematodes）：土壌中のとても小さな虫で、土壌生物の中で重要な位置を占めている。植物根を攻撃し被害を及ぼすこともある。

ソーラム、生成土層（solum）：土壌断面中の上部の最も風化（土壌生成作用）を受けた部分（A、E、B 層）。

堆肥（compost）：土壌改良資材や鉢植え用土の配合剤として使われる、微生物分解による変性を受けた有機残渣。

脱窒（denitrification）：硝酸（あるいは亜硝酸）が窒素ガスに形態変化すること。

多量必須元素（macronutrients）：動植物に多量に必要な必須元素（C, H, O, N, P, K, S, Ca, Mg）。

団粒化（aggregation）：土壌の 1 次粒子が物理的、化学的、生物的作用によって、互いに結合しあい、団粒を形成する過程。

窒素固定（nitrogen fixation）：分子状の窒素（N_2）の有機態窒素への変換。生物的過程によって起こる場合もある。

沖積成堆積物（fluvial deposits）：河川や小川などの流れる水によって堆積した沈殿物。

電気伝導度（electrical conductivity, EC）：土壌溶液が電流を流す能力。土壌中の可溶性塩類の評価に用いられる。

凍結撹乱作用（cryoturbation）：凍結と融解の繰り返しによって、土壌が物理的に攪拌されること。

土塊（clod）：耕起や掘削などの時に、人工的に生成される土壌の固い塊。

土性（soil texture）：砂、シルト、粘土の相対割合。

土壌改良資材（soil amendment）：土壌の生産性向上を目的として施用される石灰、堆肥、無機肥料などのあらゆる物質。

土壌構造（soil structure）：土壌の 1 次粒子が集まって、より大きな粒やペッドに結合したもの。

土壌侵食（soil erosion）：風、水、氷、耕起などの自然および人為の営力によって、地面がすり減ること。

土壌層位（soil horizon）：地表とほぼ平行に配列した土壌の層で、上下の層とは異なる物理化学生物的な特性や特徴を持つ。

土壌断面（soil profile）：土壌のすべての層位を見渡せる垂直の断面で、その深さは母材まで及ぶ。

土壌 pH（soil pH）：土壌の酸性度（アルカリ性度）の指標。

土壌肥沃度（soil fertility）：植物生育を促すために、十分でバランスよく養分を供給する土壌の質。

土壌分類（soil classification）：土壌の物理化学生物的特徴に基づいて、多様な土壌を体系的に分類し、整理すること。

土壌保全（soil conservation）：侵食、養分不足、自然や人為の劣化から土壌を守るための土壌管理や土地利用を実施すること。

土壌の質（soil quality）：生物生産を維持し、環境を保全し、動植物の健康を促進する土壌の能力。

土壌有機物（soil organic matter）：様々な分解段階の動植物の残渣や土壌微生物の細胞、組織、そして代謝産物。2 mm の篩を通過した土壌有機物を有機画分ということもある。

ネクロシス（necrosis）：変色や脱水の症状を示す植物組織の壊死。

粘土鉱物（clay minerals）：粘土サイズ画分（< 0.002 mm）に見られる主に層状ケイ酸塩からなる自然物。

バイオレメディエーション（bioremediation）：植物や微生物などの生物的作用を利用して汚染された土壌を浄化し復元すること。

斑紋（mottles）：土壌の乾湿の繰り返しを表す、主に錆色をした斑点。

必須元素（essential elements）：植物が正常な成長や生殖を行うのに必要な化学元素。

氷河堆積物（glacial till）：粒径淘汰や層位分化を受けていない、氷河によって堆積した岩石風化物。砂、シルト、粘土、レキのあらゆる画分を含む。

微量必須元素（micronutrients）：植物に微量に必要な必須元素（Fe, Mn, B, Zn, Cu, Cl, Mo, Co, Ni）。（訳者注：Co は必須元素と認めず有用元素とすることもある）

風成母材（aeolian parent material）：風によって運ばれ堆積した岩石風化物。

富栄養化（eutrophication）：池、湖、河川の養分が豊富になること。それに伴う水生生物の増殖は、酸素不足を引き起こすことになる。

腐植（humus）：土壌有機物の中で、長い分解を受けた後の比較的安定な画分。

ペッド、粗大団粒（ped）：自然に生成される土壌構造（例えば、粒状、板状、塊状、柱状）の単位。

崩積成堆積物（colluvium）：重力によって斜面下部に堆積した、粒径淘汰を受けていない非固結の岩石風化物。

放線菌（actinomycetes）：菌類や細菌と近縁の生物群。

防風林（shelterbelt）：風速を軽減し、風食を防ぐために列状に植えられた樹木。

母材（parent material）：土壌の材料となる非固結の無機有機物質。

圃場容水量（field capacity）：水飽和の後 2 ～ 3 日間排水した後に土壌中に残存する水の量。

埋没土壌（buried soil）：水成や風成の物質の層によって覆われた土壌。

マルチ（mulch）：侵食、クラスト形成、凍結の防止のために、地表面に薄く広げられたものて、葉、おがくず、わらなどがある。

無機化（mineralization）：微生物活動によって、ある元素の形態が有機態から無機態に変化すること。

無機質土壌（mineral soil）：鉱質画分が卓越し、その特性が表れた土壌で、通常20%以下の有機物を含む。

モンモリロナイト（montorillonite）：水に濡れると膨らむ（膨潤する）層状ケイ酸塩鉱物で、温帯下の適度な風化を受けた土壌によく見られる。

有機質土壌（organic soil）：断面の半分以上が有機物質で構成されている土壌。

有効水（available water）：植物に容易に利用できる形態で存在している水。有効水は、圃場容水量と永久しおれ点の差で与えられる。

陽イオン（cation）：プラスの電荷を持つイオン。

陽イオン交換容量（cation exchange capacity, CEC）：土壌が保持できる交換態陽イオンの総量。

緑肥（green manure）：マメ科などの植物で、土壌の質を改良するために、緑色のまま鋤きこむ残渣。

粒径クラス（soil separate）：粒径サイズによって分けられた3種類の粒径クラス（砂、シルト、粘土）。

輪作（crop rotation）：計画的に同じ土地で数種類の作物を連続的に栽培すること。このような作付けは、作物の病害を最小にし、養分利用効率を最大にするのに効果がある。

レゴリス（regolith）：土壌と風化した岩石からなる地表の非固結の物質。

レス（loess）：風によって運搬堆積された、主にシルトサイズの粒子からなる岩石風化物。黄土とも呼ばれる。

ローム（loam）：砂、シルト、粘土が適度に含まれている土性の区分。壌土（じょうど）とも呼ばれる。

参考情報

参考図書（日本語のもの：訳者提供）

土の世界－大地からのメッセージ、土の世界編集グループ編、160 ページ、朝倉書店、1990

土とは何だろうか？、久馬一剛著、299 ページ、京都大学学術出版会・学術選書 001、2005

土壌学の基礎－生成・機能・肥沃度・環境、松中照夫著、389 ページ、農文協、2003

最新土壌学、久馬一剛編、216 ページ、朝倉書店、1997

土と日本人　農のゆくえを問う、山下惣一著、227 ページ、NHK ブックス 498、1986

環境土壌学、松井健、岡崎正規編著、257 ページ、朝倉書店、1993

土壌圏と地球環境問題、木村眞人編、277 ページ、名古屋大学出版会、1997

土と文明、カーター・デール著、山路健訳、336 ページ、家の光協会、1975

水と緑と土・伝統を捨てた社会の行方、富山和子著、188 ページ、中公新書 348、1974

土壌の事典、久馬一剛ら編、566 ページ、朝倉書店、1993

参考図書（英語のもの）

The Chemistry of Soils, G. Sposito. Oxford University Press, Oxford, 1989. 土壌化学の基礎的概念を記述。

Environmental Soil Chemistry, D.L. Sparks. Academic Press, London, 1995. 土壌中での環境的に重要な反応を記述。特に汚染物質の消長を規定する反応を強調。

The Nature and Properties of Soils（第 13 版）, N.C. Brady and R.R. Weil. Prentice Hall, London, 2002. 土壌の生物・化学・物理的性質をカバー。土壌の環境的な利用と管理の記述もあり。

Out of the Earth-Civilization and the Life of the Soil, D. Hillel. University of California Press, Berkeley, 1991. 文明化の発展における土壌の役割を多くの例を用いて説明。

Principles and Applications of Soil Microbiology, D.M. Sylvia, J.J. Fuhrmann, P.G. Hartel and D.A. Zuberer. Prentice Hall, London, 1999. 急速に変貌を遂げている土壌微生物学分野に関する包括的な紹介を提示。

Principles of Plant Nutrition, K. Mengel and E.A. Kirkby. International Potash Institute, Bern, 1987. 植物栄養に関する包括的な考察。

Soil Conditions and Plant Growth, E.W. Russell, Wiley, 1988. 植物生育に関わる土壌の実質上全ての観点を記述。

Soil Fertility and Fertilizers: An Introduction to Nutrient Management, J. Havlin, S.L. Tisdale and J.D. Beaton. Prentice Hall, London, 1998. 土壌肥沃度、植物栄養および養分管理に関する完全に網羅した情報を提示。

Soils and Environment, S. Ellis and A. Mellor. Routledge Press, London, 1995. 土壌が環境に影響しまた環境に影響される多くの側面を提示。

Soils in Our Environment, R.W. Miller and D.T. Gardiner, Prentice Hall, London, 1998. 土壌とその管理に関する徹底的な紹介。

インターネット情報（日本語のもの：訳者提供）

<注意：ウェブサイトのアドレスは変更される可能性がある>

日本土壌肥料学会
　http://wwwsoc.nii.ac.jp/jssspn/

日本ペドロジー学会
　http://pedology.ac.affrc.go.jp/

日本土壌微生物学会
　http://wwwsoc.nii.ac.jp/jssm/

日本植物生理学会
　http://www.jspp.org/

農業環境技術研究所
　http://www.niaes.affrc.go.jp/index.html

農業環境技術研究所・土壌分類研究室
　http://soilgc.job.affrc.go.jp/

京都大学土壌学研究室
　http://www.soils.kais.kyoto-u.ac.jp/index.html

京都府立大学土壌化学研究室
　http://www2.kpu.ac.jp/life_environ/bioanal_chem/index.html

インターネット情報　（英語のもの、訳者注：一部抜粋／追加かつ情報更新）

<注意：ウェブサイトのアドレスは変更される可能性がある>

国際土壌学連合
　http://www.iuss.org/

英国土壌学会（British Society of Soil Science）
　http://www.soils.org.uk/

オーストラリア科学産業研究機関・土地水管理局（CSIRO Land and Water）
　http://www.clw.csiro.au/

国連食糧農業機関（Food and Agriculture Organization）

http://www.fao.org/

国際土壌照合情報センター（International Soil Reference and Information Centre）

http://www.isric.org/

土壌学の教育のサイト

http://www.fieldmuseum.org/undergroundadventure/（地中の探検のサイトあり）

アメリカ土壌学会（Soil Science Society of America）

http://www.soils.org/

アメリカ農務省自然資源保全局（United States Department of Agriculture, Natural Resources Conservation Service）

http://www.nrcs.usda.gov/

英国インターネット情報ゲートウェイ：土壌学（BIOME, AGRIFOR, Soil Science）

http://agrifor.ac.uk/hb/669d807ed46dcfc194501fc9a913ecfd.html

写真・図の出典

写真

Laurie Campbell, 30B, 32B; Centre Technique de Coopération Agricole et Rulale, 24C; Craig Ross-NZSSS, 10B; Bill Dubbin（NHM）, 2A, 3A; Food and Agriculture Organization of the Unite Nations, 26B, 27C; Dr E.A. Fitzpatrick, 25B, 28B; 舟川晋也 13A, B; Stephan M. Hilton, ExxonMobil Corporate Strategic Research Company, Annandale, New Jersey, 30C; David Hoffman, 30A; ISRIC, 1A-B, 3C, 4A, C, D, 5A-D, 6A, B, 7, 8B, 9B-D, 10A, C, 11B-D, 12A, B, 13C-D, 14B, 15B, C, 18A, B, 24B, 25A, 26A, 27B, 28A, 29, 31; Dave John（NHM）, 19C; Toni Lawson-Hall-Windermere, 17A, 17B; Potash & Phosphate Institute, 18C, 19A, B, 20A-D, 21A-C, 22C, 23A-C; Tim Sandall, The Garden, 17C, 22A, B; Dr M.P. Searle, 9A; 真常仁志 27A; UNESCO, 3B, 32A; United States Department of Agriculture, Natural Resources Conservation Service Soil Survey Division, World Soil Resources（1999）, 16; USAID, 15A, D; Tony Waltham, 表紙 , 2B, 4B, 10D, 11A, 14A, 24D, 25C.

図

John Darbyshire, 17; Mike Eaton, 2, 10, 12, 22, 26, 33; Food and Agriculture Organization of the United Nations, 31; 舟川晋也 1, 11, 13, 32; Prof Dr H. Graf von Reichenbach, 4; ISRIC, 15; Judith John, 19; Mercer Design, 3, 21, 24, 29, 30, 34; Graig Ross-NZSSS, 7; 真常仁志 8; 矢内純太 14, 23, 25

謝辞

著者は、この本の明晰さと正確さを高めるための貴重なコメントをしてくれた、AndyFellt, Frank Krell, William Purvis, Chris Stanley, Alan Warren（NHM）, Janet Cotter-Howells（University of Exete）, Harvey Doner（University of California, Berkeley）, Ahmet Mermut（University of Saskatchewan）に対し感謝する。また、多くの写真を収集する手助けをしてくれたオランダ、ワーゲニンゲンの ISRIC 所属の Albert Bos, Dick Creutzberg, Otto Spaargaren にも感謝の意を表する。

索　引

FAO-UNESCO の土壌分類名については、Soil Taxonomy での対応名をカッコの中に示してある。
詳細は 43 ページを参照のこと。

あ　行

亜鉛：zinc　56, 60, 68, 69, 85-87, 97
アクリソル：Acrisols（アルティソル：Ultisols）43
アジア：Asia　6, 45, 88, 90,〈中国、インドも参照のこと〉
圧密：compaction　19, 21, 32, 69, 77、－と深さ　20、－と養分　59、－と土性　13
アフリカ：Arfica　7, 46, 49, 88-90
アメリカ：United States　3, 6, 7, 44, 砂漠　46, 48〈北アメリカも参照のこと〉
蟻：ants　51
アリソル：Alisols（アルティソル：Ultisols）43
アリディソル：Aridisols　38, 42-43, 46, 48, 69
アルカリ土壌：sodic soils　83
アルフィソル：Alfisols　40, 42-43, 47, 49
アルビルビソル：Albeluvisols（アルフィソル：Alfisol）43
アルティソル：Ultisols　41, 43, 48-49, 66、地球上の分布　42, 49
アルミニウム：aluminium　18, 59, 60, 64, 72、酸化物　11-12, 41, 43, 48, 65
アレノソル：Arenosols（エンティソル：Entisols）43
アロフェン：allophane　10, 12
アンスロソル：Anthrosols　43-44
アンディソル：Andisols　36, 42-43, 45-46, 49
アンドソル：Andosols（アンディソル：Andisols）43
アンブリソル：Umbrisols（インセプティソル：Inceptisols）43
アンモニウム：ammonium　62-63
イェニー：Jenny, Hans　3
硫黄：sulphur　7-8, 15, 56, 60, 66-67、生物可給性　7, 60、欠乏　95、肥料中の－　73
遺伝子操作：genetic modification　55
イモゴライト：imogolite　10, 12
イラク：Iraq　23, 92
インセプティソル：Inceptisols　36, 43-45、地球上の分布　42, 49
インド：India　45-46, 49
雲母：mica　8-10, 15, 48, 86、－と土壌養分　1, 58, 66
永久しおれ点（萎凋点）：wilting point　22
永久凍土：permafrost　37, 49
エジプト：Egypt　6, 23
FAO-UNESCO　26, 43-44
塩：salts　i, 4, 77, 81-84、オーストラリア土壌における－　83、クラスト　102、硫酸マグネシウム　68、地質堆積物　72、－と灌漑　23, 46, 90、堆肥中の－　73
塩化物イオン：chloride　81
園芸：gardening　17, 54, 56, 69, 71, 74
塩類土壌：saline soils　81-84
エンティソル：Entisols　35, 43-45, 48-49
オーストラリア：Australia　7, 44, 48-49, 83
オキシソル：Oxisols　41-43, 48-49, 66
汚　染：contamination　11-12, 77, 84-88, 104、地下水の－　63、硝酸－　90
汚　染：pollution　15, 24, 84-88, 104、バイオレメディエーション　55, 76、－への pH の影響　11, 59、水中の－　1, 21-22
温室効果ガス：greenhouse gases　16, 44
温度：temperature　17, 74

か　行

改良資材：amendments〈肥料を参照のこと〉
カオリナイト：kaolinite　9-10, 48
火山灰土壌：volcanic soils　12, 36, 43, 45-46, 67

さ 行

果樹作物：fruit crops　84-85，96-97、りんご　68，94、バナナ　48，65，103、ブドウ　68，93、パイナップル　48、トマト　68，84，95〈農業も参照のこと〉
カスタノーゼム：Kastanozems（モリソル：Mollisols）　43
風：wind、侵食　3，78，80-81，101-102、輸送　3，7，29
化石土壌：fossil soils　26，34
カドミウム：cadmium　85
カナダ：Canada　2，35，44，49，65，72，95
仮比重：bulk density　20，44
カリウム：potassium　8-10，56，60，65-66，70、生物可給性　7，60、－と陽イオン交換　57-58，欠乏　94，肥料中の－　72-73，90
カルシウム：calcium　46，56，60，67，70、生物可給性　60、欠乏　72，95、－と侵食　8、－と塩濃度　46，81，84、－と土壌構造　18
カルシソル：Calcisols（アリディソル：Aridisols）　43
灌漑：irrigation　1，23，81，90，107、－と塩濃度　81，84
環太平洋：Pacific Rim　12，49
干ばつ：drought　2，22-23，65，84，89、－とスメクタイト質土壌　11，30、－と土壌型　45，47
カンビソル：Cambisols（インセプティソル：Inceptisols）　43
管理法：management practices　i，16，18，71，107、農業　44-48，89、侵食　78-81，100-101、養分　56，65、汚染　86-88，104、過剰なナトリウム　46，84、水供給〈灌漑を参照のこと〉
気候：climate　2-4，17，19、寒冷　44-46，49、湿潤　46-49、復元　26，34、－と土壌の分布　42、熱帯〈熱帯地域を参照のこと〉、風化　8-9
北アメリカ：North America　19，47，49，67，78、－の氷河土壌　4，6〈カナダ、アメリカも参照せよ〉
ギブサイト：gibbsite　9-11
共生：symbiosis　54，63，65
菌根：mycorrhizae　54，65
金属：metal、毒性　69，72-73、，85-87，89

微量　23〈個別の金属の名称も参照のこと〉
菌類：fungi　3，19，50，53-54，65
クライオソル：Cryosols（ジェリソル：Gelisols）　43
グライソル：Gleysols　43-44
クロム：chromium　85-86
クロロシス：chlorosis　61，67，69、－の例　92，96-97
ゲータイト：goethite　9-12
下水汚泥：sewage sludge　73，85
原子力：nuclear power　85
原生動物：protozoa　52-53
工学：engineering　2，10，23，46
工業：industry　60，67，85，104
孔隙：pore space　2，20-21，31，83
孔隙率：porosity　3，20-21
抗生物質：antibiotics　54-55
甲虫：beetles　51-52
鉱物：minerals　2，15〈個別の鉱物の名称も参照のこと〉
氷：ice　6，42〈氷河堆積物も参照のこと〉
古土壌：paleosols（化石土壌）　26，34
コバルト：cobalt　68-69
コンポスト：compost　54，73-74，98
根粒菌：*Rhizobium*　54，63

細菌：bacteria　3，19，50，53-55、細菌と硝化　62-63
砂丘砂：dune sands　7，19，81，98
作物：crop、カノーラ　53，95、トウモロコシ　53，55，66，92-93、綿　66，85、レタス　84，95、玉ねぎ　66，84、じゃがいも　65，89、稲　45，63，92，94、大豆　53，97、てんさい　53，68、小麦　47〈農業や果樹も参照のこと〉
砂漠：deserts　3，17，23，45-46，48
砂漠化：desertification　77，98，107
砂漠舗石：desert pavement　81，101
サバンナ：savanna　48
酸性：acidity　43，59-60，85-86，91、酸性と養分　64，67-69，72、酸性と酸化物　11-12
酸性雨：acid rain　60，67

た　行

ジェリソル：Gelisols　37，42-43，46，49
湿地：wetlands　4，44，49，63
ジプシソル：Gypsisols（アリディソル：Aridisols）　43
壌土：loam　13，14
植物：plants　50，53-54，生育　1，7，10，15，33、－と養分　10，21-22（肥沃度も参照のこと）〈灌漑、根も参照のこと〉
食料（食物）：food　50，84、生産　76，83，88-90、供給　88-90〈農業、作物、果樹も参照のこと〉
シロアリ：termites　19-20，51
侵食：erosion　3-4，13，17，63，74，78-81、－の例　35，98-99、－と土壌型　45-47、－の受食性　13，21，105、水による－　64，79-80，89，100、風による－　3，80-81，101-102
森林：forest　17，24，43、－伐採　78，89、－のレクレーション的利用　21，32、－土壌型　39-40，47-49
水銀：mercury　85
水素：hydrogen　56，59
水分保持能：water-holding capacity　10-11，17，74，78、－と土壌型　2，44，47、－と土性　13
スーダン：Sudan　23，46，49
スメクタイト：smectite　8，10-11，18-19，30，48
スポドソル：Spodosols　39，43，47、地球上の分布　42，49
生態系：ecosystem　1，3，24，107，水系　78，85、－の崩壊　89-90、－と炭素循環　16、－と富栄養化　64、－と遺伝子組換え　55、－における養分の役割　62-63、－における原生生物の役割　52-53、－と土壌水分　21、－と土壌の質　76、熱帯　18、湿地　49
生物可給性：bioavailability　1，56-61，73、汚染物質の－　85-86、－と肥料　69，73、多量養分の－　61-68、微量養分の－　68-69、－と植物根　53-54
生物活動：biological activity　50-55，78
生物多様性：biodiversity　3，24，50，90
生物防除：biological control　55
石英：quartz　7，9-10，15，48
石灰：lime　48，59-60，86
石膏：gypsum　8-10，38，46，81、－と過剰のナトリウム　84
セレン：selenium　85
線虫：nematodes　52-53
層位：horizons　4，24-27，31，43、波打った－　37、－と凍結かく乱　46、－と侵食　74，78-79、例　33-34，36，39-41，漸変型の－　35，41、－と土壌構造　19-20、表層pH値　59
層状ケイ酸塩：layer silicate　8-11，66
草地：grasslands　39，43，47
藻類：algae　53，64，83
ソロネッツ：Solonetz（アリディソル：Aridisols）　43
ソロンチャック：Solonchaks（アリディソル：Aridisols）　43

堆肥：manure　63，69，73-74，98
炭化水素：hydrocarbon　87
炭素：carbon　15-16，56，74
チェルノゼム：Chernozems（モリソル：Mollisols）　43
チェルノブイリ：Chernobyl　85
地球温暖化：global warming　16，44，107
地形：topography　3-4
窒素：nitrogen　15，56，60-63，70、欠乏　61，92、肥料中の－　71-74，90、固定　54，63，71，89
中国：China　7，26，48
長石：feldspar　9-10，15、－と土壌養分　58，65-66
通気性：aeration　19-20，51，74、通気性と汚染　85、通気性の悪さ　25，63，69，83
ツンドラ：tundra　46
泥炭：peat　2，44
鉄：iron　56，60，64，68-69，72、欠乏　59，97、酸化物　10-12，18，43，48，65、－と土色　30，41，48
デュリソル：Durisols（アリディソル：Aridisols）　43
銅：copper　56，60，68-69，85
凍結かく乱：cryoturbation　46
動物：animals　15，19，46，50-54，63、動物の餌　64，85、動物糞の堆肥　64，69，73-74，98
毒性：toxicity　59-61，64，74，84-85、金属

な 行

は 行

69，72-73，85-86，89、窒素循環 62-63、養分 54，62-63、農薬 87
ドクチャエフ：Dokuchaev, V.V. 3
土壌構造：soil structure 10，15，18-20，31，74、ーと藻類 53、モリソル 47
土壌生成：soil formation 3-7，24
土壌断面：soil profile 4-5，24-25，36，40、ーと土壌分類 44-48
土壌の質：soil quality 7，50，76，107
土色：colour of soil 11，17，24-25，41，48、測定 34
土性：texture 6，12-15，71、ーと水分含量 22

ナトリウム：sodium 81，83、過剰 18-19，46，59，81，84
鉛：lead 85
ニッケル：nickel 68-69，85
ニトソル：Nitosols（アルティソル：Ultisols）43
日本：Japan 36，49
人間活動：human activities 18，21，32，60，83、集約農業 88，90，107、過放牧 45-78
人間の健康：human health 52-53，84-85，87
根：roots 3，21-22，68，84、養分吸収 51，53，57-59、貫入 18-20，31、ーと共生 54，65
ネクロシス：necrosis 65，94，103
熱帯地域：tropical regions 3，41，48-49、土壌特性 9，11，18，43
粘土画分：clay fraction 9-10，15
農業：agriculture 23，27，73，85，88-90、輪作 71，107、過放牧 45，78、土壌肥沃度 56，58，65，71-72、土壌型 44-49〈作物や果樹も参照のこと〉
農薬：pesticides 12，55，78，85，87-88

バーティソル：Vertisols 37，42-43，46-47，49

バーミキュライト：vermiculites 8-10，66，86
バイオレメディエーション：bioremediation 84，86-88，104
排水：drainage 2，13，19-20，22-23、ーと塩濃度 84、ーと土壌生物 51、ーと土壌型 44-45
発展途上国：developing countries 65，73-74，88-90，107
斑紋：mottles 25
氾濫：flooding i，3，6，20，45，63
pH 15，59-60、ーと堆肥化 74、ーと汚染 85-86、ーとアジサイ 60，91、ーと石灰施用 72、ーと微量養分 69、ーと酸化鉱物 11-12、ーとリン 64、ーと塩濃度 83、ーと土壌診断 71
ヒストソル：Histosols 35，43-44、地球上の分布 42，49
微生物：micro-organisms 1，3，15，54-55、ーと土壌団粒 19、ーと分解 18，74、ーと食物網 50-53、ーと水銀毒性 85、ーへのpHの影響 59，72、ーと植物養分 57，62-63，67
砒素：arsenic 85
氷河堆積物：glacial till 3，6-7，10，28
肥沃度：fertility 36，55-61，89，91、ー向上 48，71-75、ーと鉱物 9-10、ーと養分 61-69、ーと母材 4，6-7、土壌型のー 36，44-49、診断 69-71、ーと土性 13
肥料：fertilizers 56，58，88，90、等級 72-73、無機 69，71-73、ーのラベル 72、ーと養分の可給度 58，63-65，69、有機 69，71，73-75，98、ーと土壌型 48
微量養分：micronutrients 68-69，71，73，84
フィンランド：Finland 2，49
風化：weathering 7-11，24，65，81、ーの例 29-30、ーと養分 58，65-66，68、ーと土壌型 48
富栄養化：eutrophication 64，78，90
フェオゼム：Phaeozems（モリソル：Mollisols）43
フェラロソル：Ferralsols（オキシソル：Oxisols）43
腐植：humus 15-16，42-43，47，68、結合特性 18、落葉 30、水分保持能 17
ブラジル：Brazil 4，6，49

ま　行

や　行

ら　行

プラノソル：Planosols（アルフィソル：Alfisols）　43
フランス：France　37，44
プリンソソル：Plinthosols（オキシソル：Oxisols）　43
フルビソル：Fluvisols（エンティソル：Entisols）　43
分類：taxonomy　24，25-49
米国土壌分類：Soil Taxonomy　26，43-49
ペッド：peds　18-19，31，37、粘土被膜　47、鏡肌　46
ヘマタイト：haematite　10-11，30，48
方解石：calcite　8，10，38，46
放射能：radioactivity　85-86
放線菌：actinomycetes　50，54
ホウ素：boron　56，60-61，68，97
母材：parent materials　4，19，42，66、風成　3，7、沖積性　3，6，36，45、崩積性　29、氷河の　3-4，6-7，10，28、湖成　28、火山灰　12，36，43，45，67
ポドゾル：Podozols（スポドソル：Spodosols）　43
骨の残骸：skeletal remains　64

マグネシウム：magnesium　56，60，67-68，70，81、欠乏　72，96、－と土壌構造　18
マンガン：manganese　12，56，60，72
マンセル土色帖：Musell colour chart　25，34
水：water　1，6，14，21-23、侵食　64，79-80，89，100、－と植物養分　56-58，64、－と孔隙径　3，20、－と塩濃度　81-82、－と土壌構造　31〈排水性、氾濫、灌漑、水分保持能も参照のこと〉
密度：density　20
緑の革命：Green Revolution　88
ミミズ：earthworms　19-20，51
メキシコ：Mexico　49
モリソル：Mollisols　39，43，47，65、地球上の分布　42，49
モリブデン：molybdenum　56，60，69，72，85

有機物：organic matter　15-18，30-31，36，38、－と汚染　85-86、－の損失　77-78，89、－と養分　56-58，64-65，67、－と土壌組成　2，4、－と土壌生物　51，53，55、－と土壌構造　20，22
陽イオン交換：cation exchange　58，60，66-67，74、－と汚染　86，88、－への侵食の影響　78
溶脱：leaching　4，24，40、汚染物質の－　63，88、養分の－　57，67，71-72、塩の－　47
養分：nutrients　15-16，56-71、－の添加　88，90，107〈肥料も参照のこと〉、－の可給度〈生物可給性を参照のこと〉、－の循環　50-53，75、欠乏〈個別の養分を参照のこと〉、－とpH　11、－プール　57，73、－と土壌型　44，47-48、－の輸送　7，22、水分中の－　i，21
ヨーロッパ：Europe　6，44，49，90

リキシソル：Lixisols（アルフィソル：Alfisols）　43
リン：phosphorus　7，15，56-57，63-65，70、酸性土壌における－　12，72、欠乏　45-46，93、－と富栄養化　64，78，93、肥料中の－　48，72-73，90
ルビソル：Luvisols（アルフィソル：Alfisols）　43
レゴソル：Regosols（エンティソル：Entisols）　43
レス：loess　7，26，47
劣化：degradation、土壌－　i，76-77
レプトソル：Leptosols（エンティソル：Entisols）　43
ロシア：Russia　2-3，44，49

訳者あとがき

本書は、William Dubbin 著 “Soils（土壌）”（The Natural History Museum：英国自然史博物館、2001 年）の全訳である。

本書は、農業国であるとともにバラをはじめとするガーデニングやナショナルトラストに代表される環境保全に極めて熱心な国である英国において、一般の人々向けに書かれた本である。すなわち、ひろく世に知られている英国の自然史博物館が、自然科学に興味を持つ多くの人々に土壌のことをよく知ってもらいたいという意図で発行したもので、専門家ではないが土壌に関心がある、という読者にも、非常に分かりやすい内容となっている。

カラー写真や図表が数多く掲載され、土壌の姿や役割がイメージとして捉えやすいことも、本書を分かりやすいものにしている。従来、土壌学に関する教科書や読み物は、正確さを重視するあまり専門性の高い記述が多く、一方で写真などを用いた情報発信をあまり行なってこなかった。そのため、土壌について少し学んでみたい、という初学者にはやや敷居の高いものであった。その意味で、本書は、土壌学を専門に学びたい人々はむろんのこと、大学の教養課程などで土壌を初めて学ぶ学生諸君や、家庭菜園や庭づくりあるいは環境問題への取組みを通じて土壌について知りたくなった人々など、これまで土壌にあまり興味のなかった読者にも､楽しみながら読み進めていってもらえるものと期待している。

土壌は、食料生産の基盤であるとともに生態系の基盤でもあり、空気や水と同様、21 世紀の人類が健やかに生きていくために不可欠な地球の「財産」である。しかし、本書にも書かれているように、67 億を越える人類は従来以上に土壌に負荷をかけ続けており、土壌を適切に利用しその保全を図ることが一層求められている。一方で、その役割の重要性にも関わらず、人々の土壌に対する認識は、まだ十分深まっているとは言い難いのが現状である。そのため、この本が読者の（あなたの！）土壌に対する興味と理解を深めることに少しでも役立つならば、訳者としてはこれ以上の喜びはない。

翻訳は、１章を舟川、２章を真常、3、４章を矢内、5、６章を森塚が、それぞれ担当した。十分に推敲はしたつもりであるが、誤訳などが見られる可能性はある。これに関しては、読者諸氏のご叱正を期待したい。

最後になったが、本書の出版にあたり、終始熱心にお世話下さった古今書院の関田伸雄氏に心から謝意を表したい。

2009 年 1 月

矢内純太、舟川晋也 , 真常仁志、森塚直樹

訳者紹介

矢内純太　京都府立大学・生命環境科学研究科・教授　博士（農学）
専門は土壌化学、特に土壌の肥沃度評価や土壌の養分供給機構の解析等
研究室 HP：http://www2.kpu.ac.jp/life_environ/bioanal_chem/index.html

舟川晋也　京都大学・地球環境学堂／農学研究科・教授　博士（農学）
専門は熱帯〜半乾燥帯における比較土壌生態学
研究室 HP：http://www.soils.kais.kyoto-u.ac.jp/

真常仁志　京都大学・地球環境学堂／農学研究科・准教授　博士（農学）
専門は土壌の肥沃度評価、熱帯における土壌資源利用の持続性評価等

森塚直樹　京都大学・農学研究科　助教　博士（農学）
専門は栽培システム学、特に土と根と作物を巡る養分動態の評価と適正化等

書　名　**土壌学入門**
コード　ISBN978-4-7722-5224-9　C3040
発行日　2009 年 2 月 20 日　初版第 1 刷発行
2013 年 4 月 20 日　第 2 刷発行

訳　者　**矢内純太・舟川晋也・真常仁志・森塚直樹**

発行者　株式会社古今書院　橋本寿資
印刷所　凸版印刷株式会社
製本所　凸版印刷株式会社
発行所　**古今書院**
〒 101-0062　東京都千代田区神田駿河台 2-10
WEB　http://www.kokon.co.jp
電　話　03-3291-2757
FAX　03-3233-0303
振　替　00100-8-35340
検印省略・Printed in Japan